重庆市推进巩固脱贫攻坚成果同乡村振兴有效衔接畜禽家庭农场技术手册

生猪家庭农场养殖技术

（2021版）

重庆市畜牧技术推广总站
重庆市生猪产业技术体系创新团队 编

中国农业出版社

北　京

图书在版编目（CIP）数据

生猪家庭农场养殖技术：2021版/重庆市畜牧技术推广总站，重庆市生猪产业技术体系创新团队编．—北京：中国农业出版社，2021.8
（重庆市推进巩固脱贫攻坚成果同乡村振兴有效衔接畜禽家庭农场技术手册）
ISBN 978-7-109-28128-8

Ⅰ.①生…　Ⅱ.①重…②重…　Ⅲ.①养猪学－手册　Ⅳ.①S828-62

中国版本图书馆 CIP 数据核字（2021）第 066196 号

中国农业出版社出版
地址：北京市朝阳区麦子店街 18 号楼
邮编：100125
策划编辑：全　聪　王陈路
责任编辑：陈　亭　文字编辑：黄璟冰
版式设计：李　文　责任校对：吴丽婷
印刷：北京通州皇家印刷厂
版次：2021 年 8 月第 1 版
印次：2021 年 8 月北京第 1 次印刷
发行：新华书店北京发行所
开本：850mm×1168mm　1/32
总印张：8.75　插页：4
总字数：195 千字
总定价：58.00 元（全 3 册）

《生猪家庭农场养殖技术》

编 写 组

主　　编：王永康　贺德华　陈红跃

副 主 编：王　震

编写人员：王　震　何道领　韦艺媛

设　　计：刘　良

审　　稿：王永康　王　震

发展多种形式适度规模经营，培育新型农业经营主体，是增加农民收入、提高农业竞争力的有效途径，是建设现代农业的前进方向和必由之路。发展家庭农场是小农户与现代农业有机衔接的重要体现，也是实施乡村振兴战略及精准扶贫的基础。为指导家庭农场标准化生产，提升经营管理水平，促进家庭农场健康发展，重庆市畜牧技术推广总站分别以生猪、牛羊、特色畜禽（肉兔、生态鸡、中蜂）为重点，组织科技人员编写了《重庆市推进巩固脱贫攻坚成果同乡村振兴有效衔接畜禽家庭农场技术手册》，包括《生猪家庭农场养殖技术》《牛羊家庭农场养殖技术》《特色畜禽家庭农场养殖技术》3个分册。

《生猪家庭农场养殖技术》主要介绍以生猪为主的家庭农场养殖技术，内容涉及圈舍建造、品种选择、饲料配制、猪群饲养、猪群管理、疫病防控、废弃物处理与利用等内容，并提供了移动式猪舍养殖模式投资分析、生产运营模式、设计图及其相关图片等系列参考资料。在本书编写期间，重庆市生猪产业技术体系创新团队部分专家通过对重庆生猪生产情况、良繁体系建设情况、标准化规模养殖建设情况等现状进行了深入调研和实地调查，围绕以"体系服务与产业发展"为工作思路，提出了发展生猪家庭农场养殖技术为破解生猪产业发展短板和技术瓶颈难题以及推动全市生猪产业快速转型升级和绿色高质量发展提供重要生产样版和发展模式，同时参与了本书部分章节的创作，得到重庆市畜牧技术推广总站各级人员的支持与帮助，对他们的辛勤劳动深表谢意。

本书具有实用性和可操作性。对指导区（县）畜禽家庭农场发展，特别对贫困乡镇产业扶贫工作具有重要参考价值。

本书在编写过程中因时间仓促，书中错误之处难免，敬请读者指正。

编　者

2021 年 8 月

有关投入品使用的声明

随着畜牧兽医科学研究的发展、饲料兽药等投入品使用经验的积累及知识的不断更新，投入品使用方法及用量也必须进行相应的调整。建议读者在阅读本书介绍的投入品使用之前，详细参阅厂家提供的产品说明以确认推荐的方法、用量、禁忌等，并遵守饲料、药物等投入品安全注意事项。执业兽医有责任根据经验和对患病动物的了解程度，决定药物用量和最佳治疗方案，饲养人员有责任按照产品使用说明规范饲喂。本书编者对动物治疗和饲喂过程中所发生的损失或损害，不承担任何责任。

编　者

2021 年 8 月

CONTENTS
目录

前言

生猪家庭农场养殖技术

　　生猪家庭农场养殖技术可采取"公司＋家庭农场"和自主经营两种模式。其中"公司＋家庭农场"的经营模式，以龙头企业为核心，按照龙头企业的要求进行经营，有较稳定的收益保障。自主经营模式由家庭农场主自主经营、自负盈亏，具有一定的风险性。

1 圈舍建造技术

1.1 前期准备

1.1.1 确定生猪家庭农场的性质

生猪家庭农场的定位首先取决于养猪的性质，是饲养种猪还是商品猪；商品猪场是选择自繁自养还是阶段性饲养。只有决定了性质，才能决定对猪场的投入。

1.1.2 确定生猪家庭农场的规模

生猪家庭农场的定位还取决于养猪的规模，规模的确定除应满足养猪发展需要外，还应兼顾周边环境对粪污的消化处理，同时取决于投资者的资金实力。

1.1.3 选择合适的生产模式

根据不同地区、不同生猪家庭农场的性质和不同养猪阶段，可选择平地饲养、限位饲养、高床饲养及发酵床饲养。

1.1.4 选择适合的环保模式

通常，生猪家庭农场的环保模式可分为单一环保模式和综合环保处理。单一环保模式一般适用于传统养猪和小规模养猪场，综合环保处理适合于中大规模的养殖场。

1.1.5 选择最佳的生产工艺

较大规模的养殖场普遍采用的是分段饲养、全进全出的生产工艺。建议使用多点式养猪生产工艺及猪场布局，以场为单位实行全进全出。

1.2 选址

选址应符合国家环保相关法律法规、当地土地利用规划和村镇建设规划，符合当地的环保条件。

选址要考虑生物安全，选择交通方便但与主干道公路的距离大于300m，与城镇居民区、文化教育、科研等人口集中区域距离大于 500m 的区域，且应位于居民区的下风方向，防止有害气体和污水对居民的侵害。

选择地势高、开阔、背风向阳的地方，在主风方向前后均不应有高大建筑物阻挡风源和去路，以免妨碍猪舍内外空气对流，减少有害气体对环境的污染。

选择一个靠近丰富、可靠、清洁水源的地方。建场前要对饮用水进行卫生检验，合格后，才能给猪饮用，若需要开井取水，水井应设在猪场的最高地势处，避免猪舍、宿舍等设施产生的污水污染水源。

养猪应与种植业相结合，选择种植业较为集中的地方，且具有一定自然坡度的地势，利用丰富的农田作物消纳生猪产生的粪便。

每年须调查评估周围养殖环境，了解周围生物安全风险，根据生物安全风险点的变化制定针对性防控措施。

1.3 猪舍建设

生猪家庭农场的生产区、生活区应相互分离。有条件的，应合理划分办公区/生活区、生产区/隔离区，即人员办公、生活场所应与猪群饲养（含隔离）场所分开。无条件的场户，生活区与生产区应相对隔离。

1.3.1 猪舍类型

重庆市常见的家庭农场主要有存栏 100 头能繁母猪的自繁自养、年出栏 2 500 头育肥猪模式，单独育肥常年存栏 1 500 头育肥猪模式，存栏 100 头年出栏 200 头育肥猪 3 种家庭农场养殖模式。对应不同的家庭农场养殖模式，猪舍的建设也分为自繁自养模式的猪舍、单独育肥猪舍和移动式猪舍 3 种类型。

1.3.2 建设内容

自繁自养模式的猪舍建设，存栏 100 头能繁母猪合计猪舍建设面积约 2 500m²。其主要建设内容见表 1-1。

表 1-1　100 头能繁母猪舍主要建设

建设内容	数量（株）	总面积（m²）	规格（m）
配怀舍	1	308	长 38.5，宽 8
分娩舍	1	256	长约 27.5，宽 9.3
保育舍	2	720	每栋长约 30，宽 12
育肥舍	2	1 050	每栋长 35，宽约 15

　　单独育肥模式的猪舍建设，合计猪舍建设面积约为 1 400m²。采用大圈饲养的方式，圈舍长 66m，宽 20.5m，圈舍内采用双列式布局，每列设置长约 8m，宽约 9m 的大圈 8 个。两种猪舍的圈舍主体材料为砖沙水泥构造、钢材和复合漏缝地板。

　　移动式猪舍模式，主要以修建可移动的猪舍为主，圈舍主体材料为钢材和复合漏缝地板，猪舍全悬空不占用耕地。其主要建设内容见表 1-2。圈舍建设图见附件 3。

表 1-2　移动猪舍建设内容

单位：m²

建设内容	规格
圈舍面积	120
圈舍下集污袋	60
田间沼气袋	30

1.4　设备选型

1.4.1　猪栏

　　猪栏设施的结构型分为栏栅式和实体式两种。栏栅式为金属管材结构，实体式为砖混结构，一般推荐选用栏栅式。家庭农场猪栏类别主要包括配种栏、母猪单体栏（或限位栏）、母猪小群栏、分娩栏、培育栏、肥育栏。相关猪栏基本参数见表 1-3。

表1-3 猪栏基本参数

猪栏种类	每头猪占用面积（m²）	栏高（mm）	栅格间隙（mm）
		主要尺寸	
配种栏	5.5～7.5	1 200	100
母猪限位栏	1.2～1.4	前高1 000，后高800	栏长2 100，宽600～650
母猪小群栏	1.8～2.5	1 000	90
分娩栏	3.5～4.2	母猪 1 000	栏长2 100～2 200，栏宽640～650
		仔猪 550～600	35
保育栏	0.3～0.4	700	55
育成栏	0.5～0.7	800	80
肥育栏	0.7～1.0	900	90

1.4.2 饲喂设备

猪的饲喂食槽主要包括限量食槽和不限量自动落料食槽，有水泥食槽和金属食槽两大类。水泥食槽适用于饲喂湿拌料和地面圈，金属食槽多用于饲喂仔猪和哺乳栏（或限位栏）的母猪。一般推荐使用金属食槽。相关食槽基本参数见表1-4。

表1-4 食槽基本参数

单位：mm

型式	猪群种类	高度（H）	采食间隙（b）	前缘高度（Y）
		主要尺寸		
长方形金属自动落料食槽	培育仔猪	700	140～150	100～120
	育成猪	800	190～210	150～170
	肥育猪	900	240～260	170～190
圆形金属自动落料食槽	培育仔猪	620	140	150
	育成猪	950	160	160
	肥育猪	1 100	200～240	200

（续）

型式	猪群种类	主要尺寸		
		高度（H）	采食间隙（b）	前缘高度（Y）
水泥自动 落料食槽	培育仔猪	655	135	210
	肥育猪	850	210	210
铸铁半圆弧食槽	分娩母猪	500	310	

限量地 沟食槽	前缘高度（Y）	宽度（b）	外缘高度（c）	前栏距外缘内 距离（d）	前栏距外缘内 距离（d）
	150	460	250	110	230

注：限量地沟食槽设置于猪限位栏前部，送料道与猪床之间，低于道、床面120mm；宽300mm，前缘高于床面60mm，外缘高于道面100mm，前、外缘呈Y字形。限位栏栅及前门跨于地沟上，距前缘200mm，距外缘100mm。

1.4.3 饮水设备

目前应用最多的饮水设备是通过压力供水的鸭嘴式自动饮水器、饮水盘和饮水碗。从源头节水考虑，推荐采用饮水盘和饮水碗。鸭嘴式自动饮水器建议采用凹墙式安装，将鸭嘴式自动饮水器安装在墙内的PVC管内，将生猪饮水中漏掉的水单独收集排放或利用。限位栏和分娩栏的饮水器应安装在猪食槽旁；普通栏、保育栏应安装在靠排粪尿栏的墙旁。相关饮水器安装高度参数见表1-5。

表1-5 饮水器安装高度

猪的体重范围（kg）	水平安装（mm）
断奶前	250～300
5～15	300～350
15～30	400～450
30～50	500～550
50～100	600～650
100以上	700～750

1.4.4 通风、取暖、降温设备

（1）通风设施。猪舍的通风换气系统，常见的有负压通风、常压通风及管道式压力通风等形式。风机设在猪舍山墙上或靠近该山墙的两纵墙上，进风口则设在另一端墙上或远离风机的纵墙上，用一台或数台通风机通过墙壁、屋顶或地板下面的管道将圈舍的空气抽出，同时通过墙上或屋顶的进气口向舍内输送新鲜空气，通过调节进风口与出风口的开启程度来改变通风换气的速度。

（2）取暖设施。家庭农场的供热保温设备大多是针对仔猪的局部供热采暖，主要用于产后的哺乳仔猪和断奶的保育仔猪的局部供暖设施，如红外线灯、自动恒温电热板。红外线灯一般用250W的，并安装温控开关和调节灯具吊挂高度来调节对小猪群的供热量。保温箱一般利用水泥预制件、玻璃钢或木板制作。仔猪保温箱设计规格：限位栏保温箱规格（长×宽×高）为 1.0m× 0.5m×0.7m；地面栏保温箱规格（长×宽×高）为 0.9m× 0.5m×0.7m，上盖留直径 30～50cm 圆孔（吊红外线灯取暖），侧面向产栏母猪床方向留 20cm×20cm 方形式出入口，地面可铺电热板。地暖通常采取电加热的方式，按 0.2m²/头 的规模铺设地暖规模。

（3）降温设施。猪舍的降温有冷风机降温和水帘降温两种模式。当舍内温度不很高时，采用小蒸发式冷风机，降温效果良好，冷风机降温要与湿帘降温设施配套。舍内温度很高时，可用滴水或喷雾与风机配合的方式降温，降温材料主要由聚氯乙烯（PVC）管、钢丝绳、三通接头、滴头（可用自来水龙头代替）等部件组成。自来水经水泵加压，通过过滤器进入喷水管道后从喷雾器中喷出，在舍内蒸发吸热，使舍内空气温度降低。还可在屋面安装喷水降温系统，由镀锌管、PVC 管、加压泵组成，安装方法为加压泵一端连接供水管网，另一端连接 PVC 管，PVC 管安装在猪舍上（纵向），每间隔 50m 水平正反方向交叉钻直径

为 0.2mm 的孔一个，使用时打开供水管网，接通高压泵电源，管网内的水被加压喷洒于屋面，达到降温作用。

1.4.5 粪尿处理设备

存栏 100 头能繁母猪、自繁自养年出栏 2 500 头育肥猪模式，单独育肥常年存栏、年出栏 1 500 头育肥猪模式的生猪家庭农场，选用的粪尿处理设备主要包括：粪尿收集输送系统、固液分离系统、粪尿沉淀净化处理系统等（表 1-6）。

表 1-6　粪污处理主要设备及要求规格

名称	规格
刮粪板	采用 V 型或平板刮粪板
粪便储存池	参照 GB/T 27622—2011 畜禽粪便储存设施设计要求
污水储存池	参照 GB/T 26624—2011 畜禽养殖污水储存设施设计要求
沼气池	参照沼气工程规模分类（NY/T 667—2011）、规模化畜禽养殖场沼气工程设计规范（NY/T 1222—2006）
粪便发酵池	参照农办牧〔2018〕2 号农业部办公厅印发的《畜禽规模养殖场粪污资源化利用设施建设规范（试行）》
沼液储存池	参照农办牧〔2018〕2 号农业部办公厅印发的《畜禽规模养殖场粪污资源化利用设施建设规范（试行）》

移动式生猪家庭农场由于规模相对较小，其粪污设施设备相对简单，详见表 1-7。

表 1-7　移动式家庭农场粪污处理主要设备及型号规格

名称	型号规格
集污袋	选用抗老化、抗氧化的高强纤维符合材料的发酵袋，内外层材质为 PVC
发酵袋	选用抗老化抗氧化的高强纤维符合材料的发酵袋，内外层材质为 PVC
抽提泵	220V 小型抽提泵

1.4.6　清洁消毒设备

生猪家庭农场可选用的清洁消毒设备主要有水冲清洁、喷雾消毒和火焰消毒。水冲清洁设备选配国内已定型生产的高压清洗机或由高压水泵、管路、水带快速连接的水枪组成的高压、冲水系统。消毒设备选配国内已定型生产的机动背负式超低量喷雾机、手动背负式喷雾器、踏板式喷雾器，在疫情严重的情况下，可选配国内已定型生产的火焰消毒器。规模化猪场必须配备高压清洗机和喷雾器消毒设备。

1.4.7　其他设备

生猪家庭农场一般还应配备的其他设备包括仔猪转运车、电子秤、台秤、常用的兽医诊治设备、人工授精设备、母猪妊娠诊断器、耳号钳、断尾钳等。根据生产需要，可选购国家定点厂家已定型生产的电子秤、台秤、耳号钳、断尾钳。

2 品种选择技术

以重庆地区常见猪种为例进行简要介绍。

2.1 引进品种

我国从国外引进的瘦肉型猪种主要包括纯种长白猪、大白猪、杜洛克猪等，这些猪种是当今世界养猪生产中普遍使用的猪种，已经成为养猪业产业化发展的主导品种。

2.1.1 长白猪

长白猪原产于丹麦，是我国引进的优良瘦肉型猪种之一，在我国各地均有饲养，因其体躯瘦长、被毛全白，在我国通称长白猪。其被毛全白，皮肤可有隐斑；头小清秀，颜面平直，耳大向前倾斜；有效乳头 7 对以上，排列均匀。长白猪猪种的优势在于：生长速度快，生长育肥期平均日增重 900g，160 日龄以内可达 100kg 体重；饲料利用率高，饲料转化率在 2.5 以下；胴体瘦肉率高，100kg 体重平均背膘厚在 13mm，瘦肉率可达 68%；产仔多，初产母猪产仔数为 8～10 头，经产母猪产仔数可达 13 头。但其抗逆性差、对饲料营养要求较高等缺陷给饲养管理带来困难，而且该猪种性成熟较晚，公猪一般 6 月龄左右达到性成熟，8 月龄才开始初配。

2.1.2 大白猪

大白猪又被称为大约克猪，原产于英国，因其体型大、毛色全白，在我国通称大白猪。大白猪是目前分布较广的著名瘦肉型猪种，其毛色全白，体格大，体型匀称，耳小直立，鼻直，背腰微弓，四肢较长，头颈较长，脸微凹，体躯长；有效乳头 7 对以上，排列整齐匀称。大白猪猪种的优势在于：生长快，生长育肥期平均日增重 900g，多者在 1 060 克以上，150 日龄左右体重达 100kg；饲料利用率高，料重比维持在 2.5 以下；瘦肉率高，

100kg 体重活体背膘厚在 13mm 以下，胴体瘦肉率在 65％左右；产仔较多，初产母猪产仔数为 9～10 头，经产母猪产仔数为 10～12 头，产活仔数 10 头左右。但作为引进猪种，同样具有抗逆性差、对饲养条件要求高的缺陷，而且该品种性成熟较晚，公猪一般 6 月龄左右达到性成熟，8 月龄才可初配。

2.1.3 杜洛克猪

杜洛克猪原产于美国，因其全身被毛棕红色，俗称红毛猪。杜洛克猪全身棕红或红色，但深浅不一，从金黄色到棕褐色均有；体躯高大，粗壮结实；头较小，面部微凹，耳中等大小，向前倾，耳尖稍弯曲；胸宽深，腹线平直，四肢粗壮，背略呈弓形，乳头 5～6 对。其优势在于生长速度快，145～169 日龄内可达 100kg 体重，生长育肥期平均日增重 800～900g；饲料利用率高，饲料转化率在 2.2～2.6；胴体瘦肉率高，100kg 体重活体背膘厚 9～13mm，瘦肉率 65％以上；肉质较好，是优秀的父系品种。与其他引进猪种不同的是，杜洛克猪体质健壮，抗逆性强，饲养条件比其他瘦肉型猪要求低。但其母性较差，产仔数不多，初产母猪产仔数为 9 头，经产母猪产仔数为 10 头左右；同样，性成熟较晚，公猪 6 月龄左右达到性成熟，8 月龄才可初配。

2.1.4 PIC 配套系

PIC 配套系猪是由英国 PIC 公司基于"通过培育专门化父系和母系能够提高生产效率和经济利益"这一理论，培育的具有世界先进水平的优良配套系猪。具有吃得少、长速快、产仔多、成活率高、瘦肉率高、肉质细嫩、质量好、免疫力强、对环境适应性较好等特点。PIC 五元杂交配套系充分利用了个体之间的杂交优势，商品猪生长速度快，目前 158 日龄可达 110kg，瘦肉率 66％，料肉比在 2.8 以下；母猪平均窝产仔数 10 头，年平均产子 2.3 胎；仔猪平均日增重 800g，背膘厚 18.1mm 以下。

这些引进猪种虽然具有生产性能优秀的特性，但养殖需要较高的饲养管理条件，一般认为"洋猪种比地方猪种娇气"，对饲养和饲料条件的要求比较高，不耐粗放饲养。基于我国各地的实际情况，地方猪种在适应当时当地的自然、经济条件的性能上明显优于引进猪种，因此在我国各地区相对闭锁的条件下，采用原始技术选育了一些适应力较强且性能较好的地方猪种。

2.2 地方品种

重庆地区的地方猪种主要有荣昌猪、合川黑猪、罗盘山猪、渠溪猪等，这些猪种产仔数多少不等，出生体重小，育肥期通常需要 8 个月或更长的时间，因此存在生长速度慢、瘦肉率低、饲料转化率低等缺点，但因其具有繁殖率高、肉质好、适应性能较强、耐粗饲、抗逆性强等优良特性，得到积极广泛的利用。

2.2.1 荣昌猪

荣昌猪因原产于重庆市荣昌县而得名，现主要分布于重庆市荣昌县、永川区、江津区、璧山县、铜梁县、大足县和四川省隆昌县等地，是全国三大地方猪种之一，享有国宝级的待遇。

荣昌猪体型较大，结构匀称，头大小适中，面微凹，颌面有皱纹和漩毛，耳中等下垂。体躯较长，发育匀称，背腰微凹，腹大而深，臀部稍倾斜，四肢细致坚实，乳头 6～7 对。绝大部分荣昌猪全身被毛除两眼四周或头部有大小不等的黑斑外，其余均为白色。荣昌猪具有耐粗饲、适应性强、肉质好、瘦肉率较高、配合力好、鬃质优良、遗传性能稳定等优良特性。荣昌猪 20～90kg 体重阶段，日增重为 542g 左右，饲料转化率为 3.48，瘦肉率 42%～46%，经产母猪平均产仔数为 10.2 头。值得一提的是，一头荣昌猪能产鬃 200～300g，鬃鬃一般长 11～15cm，最长在 20cm 以上，净毛率 90%，洁白光泽的鬃毛、刚韧质优载誉国内外。

2.2.2 湖川山地猪

湖川山地猪产于湖北、四川、湖南 3 省交界地区所属的大巴山、巫山、武当山、荆山和大娄山一带。鉴于当地猪种所处生态条件类似，且猪种主要特征特性较一致，历史上猪种间有一定的交往，将其归并，统一命名为湖川山地猪。重庆辖区范围内属于湖川山地猪的品种有如下几种。

（1）合川黑猪。合川黑猪俗称泥猪、刺猪，因原产于重庆市合川区，全身被毛黑色而得名，现主要分布于合川区及其相邻区（县），属于肉脂兼用型猪种。合川黑猪的体型中等偏大，体质健壮，被毛黑色，鬃毛粗长刚韧，头方正，额长、有少而深的横向皱纹，耳中等偏小、下垂略前倾，嘴筒长直，口叉深。背腰宽而稍凹，腹较圆而下垂，后躯欠丰满。四肢较短，后肢多卧系，乳头6～7对。合川黑猪具有耐粗饲、抗病力强、适应性强、肉质鲜美、鬃毛质量好、配种能力强等优点。体重20～90kg阶段，日增重552g左右，饲料转化率3.87，瘦肉率42.87%左右，平均背膘厚35.0mm。经产母猪平均产仔数12.41头。

（2）罗盘山猪。罗盘山猪俗名毫杆猪，因产于重庆市潼南区境内的罗盘山地区而得名，现主要分布于潼南区境内，属于肉脂兼用型猪种。罗盘山猪的体型中等偏大，体质健壮；头中等大，颌部横行皱纹较浅，嘴长而稍尖，耳中等偏小；体躯窄深，背腰稍凹陷，腹大下垂，臀部稍倾，后躯欠丰满，四肢较短，多卧系；被毛全黑、粗长，鬃毛粗长刚韧。乳头6～7对。罗盘山猪具有耐粗饲、适应性强、肌肉品质优良等优点。其体重在20～90kg阶段日增重可达564g，饲料转化率为3.39，瘦肉率40.2%左右，平均背膘厚为41.0mm。母猪平均窝产仔数为11.7头。

（3）渠溪猪。渠溪猪因原产于重庆市丰都县的渠溪河流域而得名，现主要分布于丰都县渠溪河流域及其相邻的区（县）和乡（镇），属于肉脂兼用型品种。渠溪猪的体型中等偏大，体质细致健壮，全身被毛为黑色，粗而稀。头大小适中，耳朵小，略向两侧延伸，嘴筒长而尖，口叉深，颌面由几条粗大皱褶组成，皱纹少。体躯较窄，背腰平直，腹大松弛下垂不拖地，臀部较倾斜，大腿欠丰满。四肢粗短而结实，多卧系。乳头一般 6～7 对，排列整齐。渠溪猪具有耐粗饲、抗逆性强、适应能力好、抗病力强、肌纤维细、肉质风味佳等优点。肥育期日增重为 564g 左右，饲料转化率 3.39，瘦肉率 40.16％左右，平均背膘厚为 38.1mm。经产母猪平均产仔数 10.3 头。

3　投入品使用技术

3.1　饮水

有条件的生猪家庭农场养殖的猪饮水可选用自来水。采用山泉水和地下水为猪饮用水的养殖场需对水源进行检测，确保猪的饮用水达到 NY 5027—2001 要求。此外，猪的饮用水供水设备中的所有塑料件应采用 PVC 无毒塑料。

3.2　饲料配制使用技术

猪在不同的生长阶段，所需要营养不同，养猪生产者应根据实际情况，合理地配制和使用饲料，以提高饲料的转化率。

3.2.1　饲料的配制

（1）饲料配制原则。

①营养水平要适宜：因猪生长快，瘦肉率高，要求营养水平较高，在配猪饲料时，要使各营养之间达到平衡，其中，要特别注意必需氨基酸的平衡。只有这样，才能收到良好效果。

②注意猪采食量与饲料体积大小的关系：若配料体积过大，猪往往吃不完，若体积过小，猪又吃不饱，掌握好猪采食量与饲料体积大小的关系很重要。

③控制饲料粗纤维含量：配制的饲料中，粗纤维的含量做到乳仔猪不超过 4%，生长育肥猪不超过 6%，种猪不超过 8%，否则会影响猪对饲料的利用率。

④考虑饲料的适口性：尽量多用适口性好的饲料，少用适口性差的饲料。

⑤饲料原料要求多样化：做到多种饲料合理搭配，以发挥多种物质的互补作用，提高饲粮的利用率和营养需要。不用发霉变质和有毒性的饲料原料或配合饲料，否则会影响猪的生长和饲料利用率。饲料要质优价廉，在市场上有竞争能力。

⑥配料：在配料中既要注意主要饲料的消化率，又要注意各种饲料在饲粮中一般用量限制因素，配制高档次、低成本的优质日粮。

（2）饲料配制的加工调制技术要求。

①碎粒度：生长期肥猪配合饲料要求全部通过 8 目分级筛。16 目分级筛筛上物不大于 20％。

②混合均匀度：要求均匀度变异系数不大于 10％。一般立式搅拌机搅拌时间为 10～15min，卧式搅拌机搅拌 3～4min 即可。

③配料精度：要求称量误差在 0.1％～0.2％。

④抗氧化：配合饲料原料要求新鲜，不可使用易氧化变质的原料。成品要待冷却后再包装。抗氧化剂的添加量为冬季 0.010％～0.015％，夏季 0.015％～0.030％。

⑤防霉：主要是控制水分和添加防霉剂，不使用霉变饲料。产品水分控制，北方在 14％以下、南方在 12.5％以下。防霉剂的添加量在 0.08％～0.15％。

（3）饲料配制的主要生产工艺和设备。

①清选除杂工艺与设备：原料的清选包括筛选和磁选。筛选可清除非金属杂质，磁选可清除铁钉类金属杂质。

②粉碎的工艺与设备：在配合饲料加工过程中，需要粉碎的原料占 50％～80％，粉碎机的类型很多，锤片式粉碎机构造简单，适用于多种物料的粉碎，生产率高，使用维护安全方便，缺点是动力消耗大、噪声大。齿爪式粉碎机多用于矿物原料、副料的粉碎。粉碎机在使用过程中应注意防尘、防噪声污染。

③配料工艺与设备：根据配合饲料配方要求，准确地配比各种原料就称为"配料"。配料设备按工作原理分为重量式和容积式两种，按工作方式分为分批配料和连续配料，按自动化程度分为自动配料和人工配料。不同的组合方式构成了不同的工艺流程，满足不同类型的生产需要。配料设备形式多、类型杂、各有其特点，应根据饲养者的生产能力、产品要求、投资规模及生产技术水平合理选择配料设备。

④混合工艺和设备：混合是生产配合饲料的关键工序之一。配合饲料中各种成分如果混合不均匀，将会严重影响配合饲料的产品质量。混合机的种类很多，主要有分批卧式螺带式混合机和立式螺旋混合机两类。

（4）饲料配制的方法。饲料配制方法有试差法、对角线法、公式法、计算机法等。试差法是目前最常用的一种方法，根据已选好的饲养标准或猪的不同生理阶段的营养要求，初步选定原料，再根据经验粗略地拟出各种原料的比例，计算出配方中每种营养成分的含量，与饲养标准相比较，看是否符合或接近，如果某营养成分不足或超量，需调配相应原料的比例，调整配方；如能量与饲养标准略低，粗蛋白质高于饲养标准，则要降低粗蛋白质含量，增加能量，减少豆粕，增加玉米配比量，直至与标准相符，满足营养需要为止。然后，按同样步骤再满足钙和磷的量，用人工合成氨基酸，平衡氨基酸需要，再添加食盐与预混料。

3.2.2 饲料的使用

（1）按饲养对象选择。

①教槽料：教槽料是乳猪阶段的饲料产品。从仔猪出生 7d 到断奶后 14d 左右需要使用教槽料，期间每天给仔猪少喂勤添、逐渐过渡，保证仔猪开食教槽成功。使用时需注意：料袋开封后，要防止饲料吸潮而变质，保证仔猪吃到新鲜安全的教槽料；保持料槽和环境卫生，防止饲料遭受污染；保持饲料温度，防止仔猪肠胃受损。

②保育料：保育料是刚断奶的仔猪从采食乳猪料逐渐过渡到采食断奶猪的饲料。仔猪断奶后 10～14d 到双月龄左右需要使用保育料。使用时注意：浓缩料要按厂家建议的配方配比；粉碎玉米、豆粕时，建议用 1.2mm 以下的筛子，有助营养成分的充分吸收；注重原料品质，防止原料霉变；及时清理料槽，保持环境卫生，防止污染饲料。

③育肥料：使用育肥料，以体重为准，小猪料从 20～25kg

开始使用，直到 50kg；中猪料从 50kg 开始使用直到 75kg；大猪料从 75kg 开始使用直到出栏。使用时注意：从保育料替换到小猪料时要逐渐过渡，适当控料；建议自由采食，并保证每天有 1h 的空槽时间；保证原料的品质，严禁使用霉变原料；及时清理料槽和猪舍，防止污染饲料。

④后备、怀孕、哺乳母猪料：后备母猪从 60kg 至配种前一个情期，使用后备母猪料。配种前一个情期到配种时使用哺乳母猪料。配种后到怀孕 90d 使用怀孕料。怀孕 90d 到下一轮配种用哺乳母猪料。使用时需注意：看猪投料，瘦母猪适当多投些，肥母猪适当控料；注意环境与料槽卫生；高温时，哺乳母猪最好采用湿拌料，每天饲喂 3～4 次，并且要保证早起第一顿和晚间最后一顿要尽量多吃些。

（2）配合饲料选用时的注意事项。

①饲料应按照标签标识规范使用：很多养殖者以为配合饲料可以通用，往往不按购进饲料的标签标识规定正确使用。表现在两个方面：一是跨畜禽种类使用。例如猪饲料与鸡、鸭、鱼饲料混用，虽然不会使生猪生长停止、中毒，但却降低了饲料的利用率和养殖生产的经济效益。二是跨生长阶段使用。生猪的不同生长时期所需要的营养成分的比例是不同的。各种配合饲料是根据这些比例配制而成的，不可混用。

②选择饲料不应只注重外观和气味：好的饲料一般来说是色香味俱佳的。有些养殖者在购进饲料时，往往只看重其饲料颜色黄不黄，气味香不香，给生产厂家造成错误的市场导向，导致少数不法饲料生产者为了迎合用户这种心理，靠添加香味剂和色素掩盖饲料的低劣质量。要注意，颜色很黄、气味很香的饲料并不一定是优质饲料。

③食用后爱睡觉、皮肤红、大便黑的饲料不一定好：一些养殖者盲目地认为猪食用后爱睡觉、皮肤红、大便黑的饲料就是好饲料，这也给了生产厂家错误的市场导向信号。有的厂家在饲料中添加镇

静剂、砷制剂、硫酸铜等成分，甚至还有些饲料中添加"瘦肉精"等激素类药物，造成生猪及其产品药物残留超标，严重危害消费者健康和生猪的外贸出口。所以养殖者需要清楚，只有能够完全满足猪的各生长期对各种营养物质需要的配合饲料才是好饲料。

"公司＋家庭农场"的经营模式，饲料和添加剂由龙头企业统一饲料配送给养殖户进行商品肉猪养殖。自主经营家庭农场可根据实际情况自配饲料。

家庭农场的配合饲料或预混料必须来源于国家主管部门批准的饲料厂，使用配合饲料时须向供应商索取每一种原料的说明书，同时保存好饲料添加剂的记录。饲料中禁止添加抗生素和违禁药品，饲料添加剂及微量元素应符合农业部《饲料和饲料添加剂管理条例》、国家质量监督检验检疫总局《出口食用动物饲用饲料检验检疫管理办法》等有关规定。

3.3　兽药

家庭农场兽药必须来自具有生产许可证的生产企业，并具有企业、行业或国家标准产品批准文号，不得在猪饲料中直接添加兽药。家庭农场须严格执行农业农村部《兽药管理条例》（2020年版）、《食品动物禁用的兽药及其它化合物清单》（2002）规定，不使用禁用兽药、未经批准的兽药、过期兽药。严格遵守兽药使用说明的使用对象、使用途径、使用剂量、疗程和注意事项。建立患病猪的治疗记录，包括发病时间及症状、治疗用药的经过、治疗时间、疗程、所用药物的商品名称及主要成分。

3.4　疫苗

家庭农场使用的疫苗必须来自具有生产许可证的生产企业，并具有企业、行业或国家标准产品批准文号。不可使用未经批准的疫苗、过期疫苗。严格遵守疫苗使用说明的使用对象、使用途径、使用剂量和注意事项。根据当地的疫病发展情况选用疫苗。

4 猪群饲养技术

4.1 种母猪饲养技术

4.1.1 后备母猪的饲养

后备母猪的饲养，应根据其不同生长发育阶段的营养标准来配制饲料。饲喂的饲料中除了必须重视能量和蛋白质的水平及其比例外，矿物质、维生素和必需氨基酸等，也是必须加以补充的。

后备母猪的日饲喂量应该根据猪群的膘情而定，若后备母猪体重过大，可能会引起繁殖障碍，造成生产能力下降或者利用年限缩短。若后备母猪体重过小，会影响产仔后的泌乳能力和母猪自身的正常生长发育。6月龄后，后备母猪的具体饲喂量应视猪群的膘情而定，通常为2.6kg/（d·头），每天饲喂2～3次；6月龄后，可饲喂一定数量的青绿饲料，一般2～3kg/（d·头）。

4.1.2 配种母猪的饲养

配种母猪的日粮要特别注重质量，注意氨基酸、能量、维生素、矿物质之间的平衡搭配，一般饲喂量以2.5～3.0kg/（d·头）为宜。由于青绿饲料或多汁饲料富含丰富的维生素和矿物质，对母猪的繁殖和消化机能有良好的促进作用，所以在配种期间，还需提供适量的青绿饲料或多汁饲料。

为便于观察母猪发情以及控制饲喂量，通常对配种母猪采取单体限位栏单独饲养方式。

4.1.3 妊娠母猪的饲养

母猪的妊娠期平均为114d，一般分为妊娠前期、妊娠中期和妊娠后期3个阶段。妊娠前期约为3周，是胚胎着床阶段，宜降低配合饲料的喂量，适当增加青绿饲料或多汁饲料，一般每头母猪每天饲喂1.5～1.8kg；期妊娠中期约为9周，为母猪乳房发育和膘情调整阶段，饲喂量逐渐恢复，一般每头猪每天饲喂2.0～2.5kg；妊娠后期约为1个月，为胎儿快速生长阶段，母猪所需的营养最多，饲喂量及营养标准均应提高，一般每头母猪每天饲喂配合饲料3.5～4.0kg，为产后恢复体力和初期泌乳积蓄营养。

初产母猪因为自身仍处于生长发育时期，因此妊娠全期都应按较高的营养水平饲养。

4.1.4 哺乳母猪的饲养

哺乳母猪的饲料应按科学的饲养标准配置，保证适宜的营养水平。通常在产后2～3d内，由于母猪体质较虚弱，消化机能较差，饲料不能喂得太多，需逐渐增加，并饲喂容易消化的饲料，经1周左右再按标准饲喂；由于身体恢复和哺乳的需要，哺乳母猪哺乳期间采食量会有所提高，可通过增加饲喂次数来满足其对采食量的需求，通常一般每天喂4次，每次间隔时间需均匀，并做到定时、定量；哺乳母猪在断奶前2～3d，应逐渐减少饲喂量，使其逐渐恢复到日常的采食水平。

对哺乳母猪要饲喂优质饲料，其配合的原料要多样化，适口性要好，有条件的养殖场可加喂适量的优质青绿饲料。

4.1.5 空怀母猪的饲养

如何使空怀母猪尽快地恢复，维持适当的体重，是该阶段饲养的关键。该阶段应多供给营养丰富的饲料并保证母猪的充分休息，使母猪尽快恢复体力。该阶段的日粮营养水平和饲喂量与妊娠后期基本相同，根据体况使日喂量逐渐增加，并维持在3～4kg/（d·头）；饲料中应适当增加动物性饲料和优质青绿饲料，直至发情配种，这样更能促进断奶空怀母猪的发情排卵，为提高受胎率和产仔数奠定基础。

4.2 仔猪的饲养技术

仔猪的饲养主要包括哺乳和保育两个阶段。

哺乳阶段的饲养关键是要确保仔猪及时吃上初乳，通常出生后吃上初乳的时间应控制在 2h 以内，并及时用营养丰富、适口性、安全性、消化性好，富含蛋白质、矿物质和维生素的饲料补料诱食。

保育阶段仔猪的饲养，是在仔猪断奶后 5d 内继续饲喂原来的哺乳阶段仔猪料，对新断乳的仔猪进行限饲，少喂多餐，定时定量投放，并给予优质、营养丰富、易消化的全价饲料，逐渐过渡到饲喂保育期的仔猪料。

4.3　育肥猪的饲养技术

对育肥猪一般采用自由采食或者限量饲喂方式。在更换饲料时，要逐步过渡，一般需要 7d 过渡期。严禁用餐厨剩余物饲喂。对猪饲料的品质应严格要求，勤于检查，确保饲料卫生、无毒、质量稳定，不能喂霉烂和变质饲料。猪的饲料种类搭配不要变动太大，应逐渐增减。

4.3.1　自由采食（不限量饲喂）

将一周或几天的饲料装入自动料槽内，让猪自由采食，不加限制，满足猪的生长需要。

4.3.2　限量饲喂（定时、定量饲喂）

固定每天的饲喂时间，一般每天 2～3 次；固定每天、每次饲料的饲喂量，给量应稳定，不能时多时少、忽多忽少。

5 猪群管理

5.1 猪的引进管理

5.1.1 引进猪的评估

引进猪时，应选健康、活泼、无任何临床病征和遗传疾患，营养状况良好，发育正常，四肢结构合理、强健有力的个体。仔猪精神饱满，眼睛明亮有神，没有分泌物，全身被毛光滑明亮，腹股沟淋巴结不明显，排便正常，肛门不夹粪，干净润泽，小便流畅，色泽正常。健康的仔猪抢食迅速，食欲旺盛，吃食的时候咀嚼有力下咽速度快，有前后左右来回觅食的现象。

5.1.2 引进前准备

引进猪前，应在仔猪到场之前配备好饲养人员，准备好必需的药品和饲料，将圈舍和场地清扫干净，并进行彻底的消毒。仔猪入栏前将圈舍温度保持在20~24℃，使仔猪入栏后尽快适应新环境。

5.1.3 备案

仔猪引入前，向当地动物卫生监督机构备案。

5.2 母猪管理

5.2.1 后备母猪

（1）饲养管理。

①后备母猪选择：选拔符合品种特性和经济要求的后备母猪要求做到以下几点。

第一，从高产母猪的后代中选育，同胎至少有9头以上，仔猪初生重0.85kg以上。

第二，要有足够有效的乳头数，后备母猪至少有6对充分发育良好、分布匀称的乳头，其中至少3对应在脐部以前。乳头无孔或内翻的小母猪不留种。

第三，体型良好，体格健全、匀称，背线平直，肢体健壮整齐。臀部削尖或站立艰难的小母猪不留种。

第四，身体健康，本身及同胎无遗传缺陷（如疝、锁肛等）。

第五，外生殖器发育良好，90日龄左右能第一次发情。

第六，无特定病原病，如气喘病、猪繁殖呼吸道综合征等。

②外购后备母猪：后备母猪要在无疫区的种猪场选购。猪调回后，先隔离饲养，5～7d内控制采食量，待猪完全适应环境后，转入正常饲喂，并做好防疫注射和寄生虫的驱除工作。

③小群饲养：每圈5～8头，每头猪占圈面积至少1.5m²，以保证其肢体正常发育。

④饲喂后备母猪需专用料：40kg或150日龄前的后备母猪实行自由采食；40kg或150日龄后至配种实行限饲与自由采食结合，日饲喂1.5kg左右，分2次饲喂，并供给充足的清洁饮水，让后备母猪的骨骼、性器官充分发育，达到不肥不瘦（八成膘）的种用体况。

⑤配种前2周实行优饲催情：日饲喂量增至每头猪1.5～1.8kg；配种后恢复每天饲喂1.5kg，这样既可以增加排卵，也可避免影响受精卵着床。

⑥驱虫：按驱虫和免疫程序，对猪进行驱虫和免疫接种工作。

⑦提供良好的环境条件：保持栏舍内清洁、干燥，冬暖夏凉，猪舍温度控制在18～22℃。

⑧与猪建立感情：配种前一段时期按摩母猪乳房，刷拭体躯，建立人猪感情，使母猪性情温顺，好配种，产后好带仔。

⑨刺激母猪发情：为保证后备母猪适时发情，可采用调圈、合圈、成年公猪刺激、变换饲料的方法刺激后备母猪发情。对于接近或接触公猪3～4周后仍未发情的后备猪，要采取强刺激，如将3～5头难配母猪集中到一个留有明显气味的公猪栏内，饥饿24h，互相打架或每天赶进一头公猪与之追逐爬跨（需有人看护），以刺激母猪发情，必要时可喂服中药催情散或肌注氯前列稀醇催情；若连续3个情期都不发情则淘汰。在配种前后一段时间，

每头猪每天喂给 0.8～1.5kg 优质青绿饲料，可促进发情和排卵。

（2）发情与配种。

①后备母猪初配条件：7 月龄以上，体重 60kg 以上时期，为后备母猪的第二或第三情期。

②细致观察母猪发情，适时配种，不漏配：配种的有效时间是发情开始后 12～36h，第一次配种应在静立反应被检出之后 12～16h 完成，过 12h 后再进行第二次配种。一般采取早上按压母猪背，有静立反应时，于当天下午配种一次，次日早上再配一次；下午压猪背，有静立反应时，于次日早上配种一次，次日下午再配一次。有条件的，除纯种繁殖外，可采取同品种的两头公猪或精液各配种一次，或混合精液人工输精，受胎和产仔率更高。

③严格按照配种计划进行配种：要防止乱配，配种后立即记录清楚。采用人工授精，既能降低饲养成本，避免公母猪体型差异带来的本交困难，又能减少疾病传播，改进配种水平，提高繁殖成绩。

④后备母猪饲养管理技术要点。a. 严格选留，高产后代中选留的品种特征明显：外生殖器发育正常，有效乳头多，肢体健康，性情温顺。b. 小群饲养，做好卫生，避寒防暑，光照充足。c. 保证营养，杜绝霉料，勤添青绿料，坚持多运动，合理控制膘情。d. 定期免疫，勤消毒，保障健康。e. 仔细观察，适时配种。

5.2.2 妊娠母猪

（1）所有母猪配种后按配种时间在妊娠定位栏编组排列。怀孕料分阶段按标准饲喂。

（2）喂料。每天喂料量应参考母猪的体况而定，灵活变通。妊娠 1 个月内的喂料量为 1.5～1.7kg，妊娠中间 2 个月内的喂料量为 1.7～2.0kg，妊娠最后一个月的喂料量为 2.0～2.5kg。怀孕 107d 转入产房并开始喂哺乳料，107d 至产仔期间把饲喂量从 2.5kg 逐渐减至 1.5kg。不喂发霉变质饲料，防止中毒流产。

（3）驱虫和免疫。按计划驱除体内外寄生虫；按免疫程序免疫，不能遗漏。配种后3周和产前3周内不能注射疫苗，以防造成死胎。

（4）妊娠诊断。在正常情况下，配种后21d左右不返情的母猪可初步判定妊娠，43d不返情的母猪可确定妊娠，也可以借助B超协助检查。妊娠表现为：贪睡、食欲旺、易上膘、皮毛光、性温驯、行动稳、阴门下裂缝向上缩成一条线等。

（5）适当运动。为增强母猪体质和预防产后便秘，要让母猪适当运动，夏季注意防暑。为了防止发生机械性流产，不要强行驱赶或恫吓妊娠母猪，临产前停止运动，并严禁鞭打和突然惊扰。

（6）合理淘汰。要有计划地合理淘汰繁殖性能差、有严重遗传缺陷或患病后无治疗价值的母猪：连续3次或累计4次反复发情的母猪；2次以上流产的母猪；断奶后3个情期不发情的母猪；超过8个月龄、体重超过70kg未配上种的后备母猪；连续3胎产仔5头以下的母猪；有恶癖、怪癖的母猪；年老（4岁以上）且繁殖性能严重下降的母猪。

妊娠母猪饲养管理技术要点。a.按孕期排栏，按孕期投料。b.限位栏或小群饲养，做好卫生，避寒防暑，光照充足。c.保证营养，杜绝霉料，勤添青绿料。d.保持安静，适量运动。e.定期免疫，勤消毒，保障健康。

5.2.3　分娩母猪

（1）产前准备。

①产床要彻底清洗，检修产房设备，之后用消毒药消毒，晾干后备用。

②临产母猪提前一周上产床，上产床前全身清洗消毒。

③检验清楚预产期，母猪的妊娠期平均为114d。

④产前7d母猪减料，产后第2天逐渐加料，分娩前检查乳房是否有乳汁流出，以便做好接产准备。

⑤准备好碘酊、抗生素、缩宫素、保温灯、剪牙钳等药品和

工具。

⑥分娩前用0.1%高锰酸钾水清洗母猪的外阴和乳房。

⑦产房温度要控制在25℃左右，湿度65%～75%。要求环境安静、清洁、干燥、冬暖夏凉，严防产房高温。

（2）临产判断。

①母猪卧立不安、阴道红肿，频频排尿。

②母猪乳房有光泽、两侧乳房外涨，用手挤压有乳汁排出，初乳出现后12～24h内分娩。

（3）接产。

①母猪在分娩过程中，要有专人细心照顾。母猪产出第一只仔猪后，为预防产后感染、乳房炎等疾病，同时增强体质，需静滴葡萄糖、黄芪多糖、维生素、抗生素等，或肌注抗生素，口服温热红糖水及维生素。

②仔猪出生后，应立即将其口鼻中的黏液清除、擦净，用抹布将猪体抹干，发现假死猪及时抢救。检查产后母猪胎衣是否全部排出，如胎衣不下或胎衣不全可肌注缩宫素。

③断脐、剪牙。脐带距腹部3～4cm处用线结扎剪断，涂碘酒；剪掉上下共8个犬牙，要求尽量平整。

④把初生仔猪放入保温箱，保持箱内温度30～32℃。

⑤帮助仔猪吃上初乳，固定乳头，将初生体重小的放在母猪前面的乳头边，大的放在后面乳头旁。

⑥有羊水排出、强烈努责后1h仍无仔猪排出或产仔间隔超过1h，即视为难产，需要人工助产。

（4）难产的处理。

①临产母猪子宫收缩无力或产仔间隔超过半小时，可注射缩宫素，但要注意此方法需在子宫颈口开张的前提下使用。

②注射缩宫素仍无效或由于胎儿过大、胎位不正、骨盆狭窄等原因造成难产时，应立即人工助产。

③人工助产时，要剪平指甲，润滑手臂并消毒，然后随着

子宫收缩节律慢慢伸入母猪的阴道内；手掌心向上，五指并拢；抓住仔猪的两后腿或下颌部；母猪子宫扩张时，开始向外拉仔猪，母猪努责收缩时停下，动作要轻；拉出仔猪后应立即帮助仔猪人工呼吸。产后子宫内注入抗生素，同时肌注抗生素一个疗程（3～5d），以防发生子宫炎、阴道炎。

④难产的母猪，应在母猪卡上注明发生难产的原因，以便下一产次的正确处理或作为淘汰鉴定的依据。

（5）母猪子宫内膜炎的防治。

母猪子宫内膜炎是规模化猪场常见的产科疾病，可导致母猪不孕、流产、返情、不发情、繁殖性能低下，经产母猪多见，后备母猪也会发生，若治疗不及时将给猪场造成巨大损失。引发子宫内膜炎的原因，主要是细菌、病毒感染，环境因素和饲料因素。主要症状为发情周期不正常，从阴门中排出灰白色或黄褐色稀薄脓液或豆腐渣样脓块，其尾根、阴门、飞节上常粘有阴道排出物并形成干痂。

可采取子宫冲洗、宫内投药、注射治疗和喂服中药的办法治疗。用0.02％高锰酸钾1 000mL或0.02％的强效碘生理盐水溶液（强效碘：生理盐水＝1：5 000）1 000mL，反复冲洗子宫，清除积留在子宫内的炎性分泌物，直到冲洗子宫回流液变成澄清液（即冲洗液原本的颜色）即可。较轻的子宫内膜炎，经冲洗、宫内投药后即可治愈，重者还必须配合肌肉注射青霉素、链霉素，或氧氟沙星、头孢类药物，每天1次，连续用药5～7d。预防本病主要做好疫苗常规免疫，清洁消毒，产后清宫保健，杜绝饲喂发霉饲料。

分娩母猪饲养管理技术要点。①产前乳房、外阴消毒，产后预防产道感染。②单栏、适时、适量饲喂，保证卫生，保持安静，关注防暑，光照充足。③保证营养，杜绝霉料，勤添青绿料，预防便秘。④耐心接产，人性化对待。⑤适时助产，防止难产。⑥定期免疫，勤消毒，保障健康。⑦适时催乳，保障乳量充足。

5.2.4 哺乳母猪

（1）饲养管理。

①产前7d母猪进入分娩舍，保持产房干燥、清洁卫生。逐渐减少饲喂量至1.5kg，对膘情较差的母猪可少减料或不减料。

②产后肌注氧氟沙星、青霉素、链霉素、缩宫素等药物，根据产程和恶露排出的时间，口服温热红糖姜汤，连用1～3d。

③母猪在分娩过程中，要有专人细心照顾，接产时保持环境安静、清洁、干燥、冬暖夏凉，严防产房高温，产房温度应控制在22～25℃。

④母猪产仔后当天不喂饲料，或仅喂麸皮食盐水或麸皮电解质水（有强烈食欲的少量添加饲料），第二天开始，1周内逐渐增加饲喂量，1周后最大限度地增加母猪采食量；饲喂遵循"少给勤添"的原则，严禁饲喂霉变饲料；在泌乳期要供给充足的清洁饮水，防止母猪便秘，影响采食量。

⑤要及时检查母猪的乳房，对发生乳房炎的母猪应及时采取治疗措施。

⑥母猪断奶前2～3d减少饲喂量，断奶当天少喂或不喂，并适当减少饮水量。断奶后2～3d乳房出现皱纹，方能增大饲料喂量，开始催情饲养，这样可避免断奶后母猪发生乳房炎。

（2）营养。哺乳母猪营养的核心是竭尽全力增加哺乳母猪的采食量，若母猪的采食量充足，体损失就很少，否则将会大量动用体储备而严重影响泌乳量和以后的繁殖性能，使断奶至发情期间隔延长，受胎率和胚胎成活率降低。

（3）母猪缺奶或奶水不足的处理。生产中，有时会出现哺乳母猪缺奶或奶水不足的情况，不能满足仔猪哺乳需要，此时应对母猪催奶。

母猪催奶土方：

①鸡蛋红糖催奶方：鸡蛋5个，红糖150g，白酒100g，与

饲料混合后喂母猪，连喂 1～2 次。

②黄豆催奶方：鲜黄豆 500g，动物油（猪油或鸡油）100g，加水适量煮熟后喂母猪，每天 2 次，连喂 2～3d。

③南瓜催奶方：南瓜 800g，切碎加入黄豆浆 1 000g 煮熟后喂母猪，1d 1 次，连喂 2～3d。

哺乳母猪饲养管理技术要点。①固定乳头，适时加料，适时减料，防止乳房炎。②单栏、适时、适量饲喂，保证卫生，保持安静，关注防暑，光照充足。③保证营养，杜绝霉料，勤添青绿料，预防便秘。④提高采食量，保障乳量充足。⑤定期免疫，勤消毒，保障健康。

5.2.5 空怀母猪

（1）饲养管理。

①将断奶的母猪小群饲养（一般每圈 3～5 头），有利于母猪的发情和配种，尤其是初产母猪，效果更好。

②断奶 2～3d 后（要求母猪的乳房干瘪有皱纹），实行短期优饲，每日饲喂 2.0kg，有利于母猪恢复体况和促进母猪的发情和排卵。

③做好母猪发情观察和发情鉴定，一般断奶后的母猪 5～10d 发情，要适时配种。

④断奶后对于乏情、异常发情和反复发情的母猪要给予更多的关注，可采用公猪诱情、应激法刺激发情、药物催情等方法。

（2）营养。空怀母猪应饲喂高营养水平日粮，一般饲喂哺乳母猪料，日喂 2.0kg；推迟发情的断奶母猪视体况进行合理处理，过瘦母猪增加喂料量，过肥母猪控制喂料量，使母猪达到中等体况，尽快发情配种。

空怀母猪饲养管理技术要点。a. 适时减料，预防断奶乳房炎。b. 小群饲养，适时短期优饲，以促发情，保证卫生，避寒防暑，光照充足。c. 保证营养，杜绝霉料，勤添青绿料，促进发情。d. 勤于观察，适当诱情。e. 定期免疫，勤消毒，保障健康。

5.3 商品猪管理

5.3.1 合理调栏

及时调整猪群强弱、大小，保持合理的密度。重庆地区通常生产育肥猪饲养栏的标准为每头育肥猪 $1.0 \sim 1.2m^2$，每栏饲养 $10 \sim 12$ 头较为常见。病猪要及时隔离饲养。

5.3.2 预防控制疾病

育肥期间猪的气喘病发病比例较高，第一周的饲料中应添加土霉素预混剂、氟苯尼考、多西环素、泰乐菌素等抗生素，预防及控制呼吸道病。

5.3.3 勤于观察

平时要注意观察猪群排粪情况。喂料时观察食欲情况。休息时检查呼吸情况，发现病猪，对症治疗。严重病猪隔离饲养，针对性治疗。

5.3.4 环境控制

饲养环境控制的重点是温度、湿度、饲养密度、光照、通风换气等。育肥猪生长适宜温度范围为 $16 \sim 25℃$，温度过高，猪食欲下降，生长缓慢，甚至发生中暑死亡；温度过低，采食量增加，降低饲料利用率。因此，冬季育肥要做好防寒保暖工作，夏季育肥要做好防暑降温工作。猪舍内相对湿度保持在 $60\% \sim 70\%$ 为宜。换气目的是降低猪舍内有害气体，给猪生长提供新鲜空气，夏季强制通风，减少热应激，冬季在保证温度的前提下，尽量多通风换气，防止呼吸道疾病发生。

5.3.5 消毒免疫

加强环境卫生消毒工作，做到凡进必消毒，凡出必须无害。保持料净、水净、猪净、舍净、用具净、饲养员净，通常料槽、水槽每周消毒 1 次，带猪消毒每两周 1 次。做好口蹄疫、猪瘟、猪肺疫、猪丹毒、猪蓝耳等常见疫病的预防接种工作，对一些常发病如感冒等，要及早进行药物防治，定期驱虫。

6 生猪疾病防控技术

6.1 目前生猪疫病特点

6.1.1 旧病未除新病又来

猪瘟、猪肺疫等一些"传统"的猪传染病依然存在，猪附红细胞体病、高致病性猪蓝耳病、猪圆环病毒病等新病又频发。

6.1.2 多病原感染复杂多样

多种病毒、细菌混合感染，是目前猪病流行的主要特点。如以猪繁殖与呼吸综合征（俗称蓝耳病）、猪瘟、伪狂犬病、圆环病毒等病毒病为原发病的多种病毒、细菌混合感染已成为目前猪病的普遍现象。

6.1.3 呼吸道疾病日益突出

常见的有猪喘气病、猪肺疫、猪副嗜血杆菌、猪蓝耳病、猪胸膜肺炎、猪流感或混合感染。

6.1.4 繁殖障碍疾病普遍存在

以猪繁殖与呼吸综合征、猪圆环病毒2型、猪流行性乙型脑炎、附红细胞体病、弓形虫病等疾病造成的繁殖障碍最为多见。

6.1.5 免疫抑制疾病愈演愈烈

目前，猪群中猪繁殖与呼吸综合征病毒、猪圆环病毒2型的感染率很高，而且在很多猪场呈双重感染，这些疫病导致猪群免疫力低下，接种疫苗后不但免疫效果差，而且易造成混合感染和继发感染。

6.1.6 烈性传染病出现非典型化

一些传染病的病原在长期的免疫压力下，病毒毒力发生变化，临床表现和病理变化呈非典型化，给疫病的诊断和防治带来困难。

6.1.7 细菌和寄生虫耐药性增强

抗生素的滥用使耐药性菌株和寄生虫不断出现，给治疗和预防带来困难，使细菌性传染病和寄生虫病再度泛滥。如大肠杆菌病、链球菌病、支原体病以及猪球虫、疥螨等疾病易在猪群暴发。

6.1.8 免疫失败的情况经常出现

由于缺乏母源抗体监测，猪免疫程序不尽合理。加上不同厂家疫苗质量参差不齐，导致断奶猪疫苗抗体水平不合格，极易造成免疫失败或免疫不全。在一些猪场，尤以猪瘟特别突出。

6.2 疫病综合防治措施

6.2.1 建立健全防疫组织

规模养殖场必须要有专业的防疫技术人员，明确防疫职责，落实国家检疫、免疫、驱虫、消毒、监测及疫病诊断治疗、无害化处理等规定；建立健全相应档案记录资料。

6.2.2 严格引种检疫

养猪场在引种时必须按程序报批并进行严格的检疫和隔离观察，严防引进带疫病的猪。

6.2.3 做好基础免疫

重点做好口蹄疫、猪瘟、猪繁殖与呼吸综合征等疫苗免疫接种工作。有条件的猪场可采血全面检测抗体水平，有针对性的强化免疫。同时根据本场和附近地区主要疾病的发生规律及流行特点、疫苗的免疫特性和母源抗体的影响制订合理的普通病免疫程序。

6.2.4 加强饲养管理

要全面实施封闭管理，实行全进全出。控制人员、车辆、物品随意进出，必须进入时要严格消毒。切实做好杀虫灭鼠等工作，改善猪场环境条件，减少猪群应激因素。合理搭配饲料营养，提高猪的健康水平。

6.2.5 定期消毒灭源

重点做好栏舍、场地、环境、用具、运输车辆的消毒工作，圈舍带猪消毒 1 周 2 次,环境消毒 1 周 1 次。可选择复合酚、戊二醛、二氯异氰尿酸盐、三氯异氰尿酸盐、聚维酮碘等消毒药品交替使用。

6.2.6　做好疫病监测

应配合国家有关机构对每批次动物开展定期免疫抗体检测、流行病学调查、消毒药剂的消毒效果检测及疫病净化水平等的监测工作。

6.2.7　合理进行药物预防

根据本地、本场实际情况,有计划地进行药物预防。如重点传染病和寄生虫的预防。

6.2.8　及时做好疫病诊治

一旦发病,应迅速进行诊断,并及时隔离病猪,严格消毒。在排除重大动物疫病后,对有治疗价值的发病猪,应尽快按疗程加以治疗。

6.3　免疫程序

6.3.1　总体要求

国家对口蹄疫、猪瘟、高致病性猪蓝耳病实行全面强制免疫,并应及时开展免疫效果监测。根据免疫抗体消长情况决定补免时间,以确保免疫质量。应结合当地饲养特点和疫病流行情况,有针对性地做好其他猪病的免疫。

6.3.2　免疫病种

口蹄疫、猪瘟、高致病性猪蓝耳病、猪伪狂犬病、猪流行性乙型脑炎、猪细小病毒病、猪传染性胃肠炎、猪流行性腹泻、猪肺疫、猪丹毒病、猪链球菌病、猪大肠杆菌病、仔猪副伤寒、猪喘气病、猪传染性萎缩性鼻炎、猪传染性胸膜肺炎等。

6.4　猪场疫病监测与控制

猪场应定期监测各种疫病(主要是猪瘟和口蹄疫)抗体的消

长情况，效果不佳时，及时补打疫苗并调整免疫程序。根据周围疫病发生情况，适当加大剂量和增加免疫密度，以确保免疫效果。建立综合防疫管理措施，落实防疫责任，严防场外疫病传入。

6.5 猪场消毒

6.5.1 猪场清洁

做好猪舍卫生管理，每日清理栏舍内粪便和垃圾，随时清理蛛网，及时清扫猪舍散落的饲料。

发现病死猪时，应及时移出。病死猪放置和转运过程中应保持尸体完整，禁止剖检，及时对病死猪所经道路及存放处进行清洁、消毒。

6.5.2 栏舍清洗消毒

（1）栏舍的清洗。产房、保育、育肥的栏舍要执行"全进全出"的原则，完全空舍后，再按下述程序统一清洗和消毒。

①清扫和清理：将可移动的器具全部移出舍外进行冲洗。水泡粪系统的猪舍，应将池内粪水清空；干清粪系统的猪舍，应将干粪便清理推走。

②喷雾浸润：使用低压或雾化喷枪，用水打湿地面、栏体、墙面和屋顶等，要达到完全浸润的状态。浸润后，使用泡沫枪喷洒清洁剂。

③高压冲洗：使用高压喷枪，按照从上到下、从前到后的顺序冲洗猪舍（最好使用温水）。

清洗后需全面检查，发现残余不洁净处，用清洁剂浸润，彻底清理。

（2）栏舍的消毒。可选用醛类、过氧化物类等消毒剂对栏舍进行全方位喷雾消毒。第一次消毒后 1h 或晾干、干燥处理后，更换消毒剂再次喷雾消毒。

两次喷雾消毒后，对相对密闭的栋舍还可使用消毒剂密闭熏蒸，熏蒸后通风。熏蒸时注意做好人员防护。如有条件，可在彻底干燥后对地面、墙面、金属栏杆等耐高温场所，进行火焰消毒。火焰消毒应缓慢进行，光滑物体表面停留 3～5s 为宜，粗糙物体表面适当延长火焰消毒时间。

（3）环境消毒。

①场内环境消毒：定期进行全场环境消毒，必要时提高消毒频次。

②办公、生活区的屋顶、墙面、地面：可选用过硫酸氢钾类、二氧化氯类或其他含氯制剂喷洒消毒。

③场区或院落地面：可选用喷洒碱类等溶液消毒。如需白化时，可选择 20％石灰乳与 2％氢氧化钠溶液制成碱石灰混悬液，粉刷死猪暂存间、饲料存放间、出猪间（台）、场区道路、栏杆、墙面、粪尿沟和粪尿池。粉刷应做到墙角、缝隙不留死角。石灰乳必须现配现用，过久放置会失去消毒作用。猪或拉猪车经过的道路须立即清洗、消毒。发现垃圾，应即刻清理，必要时进行清洗、消毒。

④场外环境消毒：在严格做好猪场生物安全措施的基础上，应清理场外道路。外部来访车辆离开后，应及时清洁、消毒猪场周边所经道路，使用 2％氢氧化钠消毒。

（4）工作服和工作靴洗消。

①工作服消毒：生活区和生产区使用不同颜色工作服。从生活区进入生产区或离开生产区时都要更换工作服。需要每日清洗消毒生产区工作服，每周清洗消毒生活区工作服。先用过硫酸氢钾等刺激性小的消毒剂浸泡消毒半小时，然后冲洗晾干。如有条件，猪场可以使用洗衣机清洗、烘干衣服。

②工作靴洗消：从生活区进入生产区及进出每栋舍时要更换工作靴。每天应对猪场所有使用过的工作靴冲洗晾干。

（5）设备和工具消毒。

①饮水设备消毒：生猪出栏后，可卸下所有饮水嘴、饮水

器、接头等，洗刷干净后放入含氯类消毒剂浸泡；用洗洁精浸泡清洗水线管内部，在水池、水箱中添加含氯类消毒剂浸泡2h；重新装好饮水嘴，用含氯类消毒剂浸泡管道2h后，每个水嘴按压放干全部消毒水，再注入清水冲洗。

②料槽清理消毒：每天要定时清理料槽，避免有剩余饲料。清洗料槽时，注意内外清洗干净，不留死角。

③工具消毒：栏舍内非一次性工具经清洗、消毒后可再使用。根据物品材质，可选择高压蒸汽灭菌、煮沸、消毒剂浸泡等方式消毒。

（6）消毒效果评价。清洗消毒后，可用纱布或一次性棉签采集设施环境、物品、车辆等环境的样品，送有相关资质的兽医实验室检测，评价消毒效果。环境样品包括，办公、生产区道路，猪舍地面等；猪舍内料槽、饮水器具、出粪口等；防护用品包括，工作服、工作靴等；物品包括，饲料、药品等外包装，以及使用的工具等；车辆包括，轮胎、车厢、驾驶室等。

消毒药的选择参见表6-1。

表6-1　消毒产品推荐种类与应用范围

	应用范围	推荐种类
道路、车辆	生产线道路、疫区及疫点道路	氢氧化钠（火碱）、氢氧化钙（生石灰）
	车辆及运输工具	酚类、戊二醛类、季铵盐类、复方含碘类（碘、磷酸、硫酸复合物）、过氧乙酸类
	大门口及更衣室消毒池、脚踏垫	氢氧化钠
生产、加工区	畜舍建筑物、围栏、木质结构、水泥表面、地面	氢氧化钠、酚类、戊二醛类、二氧化氯类、过氧乙酸类
	生产、加工设备及器具	季铵盐类、复方含碘类（碘、磷酸、硫酸复合物）、过硫酸氢钾类

（续）

	应用范围	推荐种类
生产、加工区	环境及空气消毒	过硫酸氢钾类、二氧化氯类、过氧乙酸类
	饮水消毒	季铵盐类、过硫酸氢钾类、二氧化氯类、含氯类
	人员皮肤消毒	含碘类
	衣、帽、鞋等可能被污染的物品	过硫酸氢钾类
办公、生活区	疫区范围内办公、饲养人员宿舍、公共食堂等场所	二氧化氯类、过硫酸氢钾类、含氯类
人员、衣物	隔离服、胶鞋等	过硫酸氢钾类

6.6 安全用药

第一，用药一定要合乎病情需要，不要只图价格便宜或唯新药是从。微生物感染性疾病应依据药敏试验或治疗效果选药。

第二，使用合适的剂量疗程。

第三，抓住最佳治疗时机。一般来说，用药越早效果越好，特别是微生物感染性疾病，及早用药能迅速控制病情。但细菌性痢疾却不宜过早使用止泻药。

第四，用药时要充分考虑药物的特性，有效用药。

第五，用药前要充分了解药物的特性，确定给药的途径和间隔时间。

第六，尽量选用效能多样或有特效的药物。

第七，注意药物配伍禁忌。

第八，用药时必须充分考虑动物及其产品的上市日期，防止"药残"超标造成食品安全隐患。

6.7 常见多发传染病

6.7.1 猪口蹄疫

（1）临床表现。潜伏期1～2d，病猪以蹄部、鼻部和口腔内的水泡为主要特征。病初体温升高到40.0～41.5℃，精神不振，食欲减少，蹄叉、蹄踵部皮肤以及鼻、齿龈、舌、腭等处出现绿豆、蚕豆大的水泡，尤为明显的是蹄部和鼻部的水泡。水泡破溃后，形成严重的出血糜烂面。蹄部水泡刚出现时不易看见，当发现明显跛行、不愿站立时，水泡多已破溃。不少病猪蹄部继发感染，蹄壳脱落，在地上跪行，血迹斑斑。蹄匣再生，需数月。猪的乳房、乳头皮肤常发生水泡。仔猪发病较重，多发生急性胃肠炎，剧烈拉稀，迅速脱水死亡。出现瘫痪症状的仔猪，死亡率在50％以上。

（2）防治。加强检疫，防止引进动物带入疫病。要重视引进动物前的检疫审批、抗体监测并按要求检疫，引进后，隔离观察21d以上，无病方能合群饲养。

对猪场开展常年性的定期兽医卫生消毒工作。一般情况是每周开展1～2次常规带畜消毒，每月进行1次全面大消毒。

国家对口蹄疫实行强制免疫制度。即对所有饲养的猪按下列程序实施免疫。

①商品猪、后备种（母）猪：仔猪在28～35日龄（或阉割时）进行口蹄疫、猪瘟首次免疫（简称首免），首免后1个月再进行1次加强免疫；以后每隔4～6个月进行1次口蹄疫、猪瘟免疫。

②投产种（母）猪：种公猪每间隔4～6个月（或每年春秋季）各免疫1次口蹄疫、猪瘟；母猪则在给所产仔猪免疫口蹄疫、猪瘟的同时进行免疫。

有条件的规模场，可根据母源抗体和免疫抗体检测结果，制定相应的口蹄疫、猪瘟适时免疫程序。

（3）若有疑似口蹄疫发生时，应立即向上级业务主管部门报告疫情，同时迅速采集病料送专门机构确诊。确诊后，对病畜应立即扑杀，就地焚烧或无害化处理，对污染的场地彻底消毒。疫区和受威胁区普遍进行口蹄疫疫苗紧急免疫接种。

6.7.2 猪瘟

（1）临床表现。病猪精神差，发热，体温在 40～42℃，喜卧、弓背、寒战，行走摇晃。结膜发炎，流脓性分泌物将上下眼睑粘住，不能张开；鼻流脓性鼻液，初期便秘。干硬的粪球表面附有大量白色的肠黏膜，后期腹泻，粪便恶臭，带有黏液或血液。病猪的鼻端、耳后根、腹部、四肢内侧的皮肤及齿龈、唇内，肛门等处黏膜出现针尖状出血点，指压不褪色。公猪包皮发炎，阴鞘积尿，用手挤压时，有恶臭浑浊液体射出。小猪可能出现神经症状，磨牙、后退、转圈、强直等症状，侧卧游泳状动作多见，病程 1～2 周，慢性病例在 1 个月以上，死亡率甚高。

（2）防治。国家对猪瘟实行强制免疫制度，用猪瘟弱毒脾淋疫苗给健康猪定期预防接种。统一免疫程序如下。

①商品猪、后备种（母）猪：仔猪在 28～35 日龄（或阉割时）进行猪瘟、口蹄疫首免，首免后 1 个月再进行 1 次加强免疫；以后每隔 4～6 个月进行 1 次猪瘟、口蹄疫免疫。

②投产种（母）猪：种公猪每间隔 4～6 个月（或每年春秋季）各免疫 1 次猪瘟、口蹄疫；种母猪则在给所产仔猪免疫猪瘟、口蹄疫的同时进行免疫。

有条件的养猪场，可根据母源抗体和免疫抗体检测结果，制定相应的口蹄疫、猪瘟适时免疫程序。

发现病猪及时隔离，对场地、圈舍用 3%氢氧化钠溶液彻底消毒。

对可疑猪群立即用猪瘟疫苗进行紧急预防接种。

做好引进动物审批、隔离观察工作，防止引进带病动物。

6.7.3 高致病性猪蓝耳病

（1）临床表现。体温明显升高，严重者在41℃以上；母猪表现为厌食、高热、咳嗽、呼吸困难；少数猪腹部、耳部、阴唇等处出现蓝红色的发绀（紫绀）。母猪出现繁殖障碍，发情延迟，宫、阴道流出黏性、脓性分泌物，妊娠率下降，屡配不孕；怀孕母猪流产、早产、死胎、弱胎出现率在20%以上。新生仔猪表现为咳嗽、腹式呼吸、结膜炎，结膜水肿，糊状下痢，灰色或焦油状稀粪。公猪性欲减退，呼吸道症状明显，或高热，不吃食，精神不振。

（2）防治。对所有生猪进行免疫。加强饲养管理，实行封闭饲养，建立健全各项防疫制度，做好消毒、杀虫灭鼠等工作。

做好药物预防。猪蓝耳病无特效药治疗，但可以进行有效预防。药物预防可采用"3＋3"的方式，即用药3d，停3d，再用3d。各种药物的使用量按生产厂家提供的说明书执行并混合均匀后使用。

6.7.4 猪传染性胃肠炎

（1）临床表现。10日龄以内的仔猪，突然发病，呕吐，急剧的水样腹泻。稀便呈黄绿色，有的呈白色，含有凝乳块。一旦发病，数日之内，全群感染。患猪精神委顿，脱水，消瘦，被毛粗乱，1～2d死亡，死亡率高，为95%～100%。

（2）防治。防治猪传染性胃肠炎可使用猪传染性胃肠炎冻干疫苗。将疫苗用生理盐水稀释，妊娠母猪于产前20～30d，后海穴位注射2mL，仔猪通过吃母乳获得免疫和保护。3日龄以后乳猪至10日龄以内的乳猪，后海穴位注射0.5～1.0mL。还可使用猪传染性胃肠炎＋猪流行性腹泻二联灭活疫苗，妊娠母猪产前20～30d，用量为4mL，后海穴位注射，仔猪吃母乳获得免疫保护。

普通药物治疗没有疗效。对发病猪群应立即隔离，封锁病猪，全场消毒。同时用疫苗免疫注射。

6.7.5 猪细小病毒病

（1）临床表现。主要症状是繁殖障碍，主要危害胎儿。母猪感染，妊娠 64d 内易引起胎儿死亡、软化、木乃伊胎，64d 后感染可正常生产，对胎儿无太大影响。

（2）防治。本病尚无治疗方法。可用猪细小病毒弱毒冻干疫苗进行预防注射，每头猪肌肉注射 1 头份。后备母猪和后备公猪需免疫接种 1 个月后才可配种。猪群中发病，应对发病母猪、仔猪进行隔离，有条件的可进行淘汰；对环境需严格消毒。

6.7.6　猪乙型脑炎

（1）临床表现。感染猪体温在 41℃ 左右，稽留不退。精神沉郁，食欲减少至废绝，口渴，眼结膜潮红，心跳加快，呼吸急促。粪便干燥，呈球状，表面附有黏液。公猪多见一侧睾丸肿胀，个别两侧肿大，比正常大 50%～100%，若干天后，肿胀消失，有的缩小变硬，失去制造精子的能力。母猪在妊娠期感染，可出现产期异常，有的提前，有的延后，几天至 3 周不等，产下的仔猪有的全部死胎；有的部分死胎，部分木乃伊；也有的产下弱仔，不会吃奶，很快死亡。

（2）防治。可使用猪乙型脑炎弱毒疫苗 1mL（1 头份）肌肉注射。每年春季，在蚊子活动期到来之前，对配种的或即将配种的后备母猪和后备公猪进行免疫接种。

对有全身症状的猪及公猪睾丸肿胀、发炎的，需及时治疗，可用磺胺嘧啶、安乃近或阿尼利定等药物。睾丸肿胀初期，应冷敷。也可以用病毒灵注射液（盐酸吗啉胍注射液），每头猪 10～20mL，肌肉注射，每天 2 次，连用 3d。

6.7.7　猪伪狂犬病

（1）临床表现。妊娠母猪感染，可发生流产。20 日龄以内的仔猪常突然发病，体温升至 41～42℃，精神沉郁，不吃食，呼吸加快，并有呕吐和腹泻。出现神经症状，初为神经紊乱，间歇性抽搐，发作时角弓反张，仰头，歪颈，有的出现间歇性转圈，有的头抵墙，或触地，呆立不动。步态和姿势异常，之后四肢麻痹，不能站立，两肢交叉或开张。有的病猪因咽部麻痹，从口角滴出或流出唾液。可因体温下降而死亡。

（2）防治。发现可疑病猪应及时报告有关部门，采集病料，送去检验。一旦确诊为伪狂犬病，应立即封锁、隔离病猪，不许人员、车辆进出，全场彻底消毒。

可用伪狂犬病弱毒冻干疫苗免疫，按头份用生理盐水或灭菌磷酸盐缓冲液（PBS）稀释后注射。妊娠母猪，于产前30d，臀部肌肉注射2mL。乳猪，股内侧肌肉注射0.5mL。断奶仔猪，肌肉注射1mL。

可用伪狂犬病康复猪血清治疗。

6.7.8　猪水疱病

（1）临床表现。此病的潜伏期2～4d。病初体温升高至40～42℃，在蹄冠、趾间、蹄踵出现1个或几个黄豆至蚕豆大小的水疱，继而水疱融合扩大，1～2d后水疱破裂形成溃疡，露出鲜红的溃疡面，常围绕蹄冠皮肤和蹄壳之间裂开，疼痛加剧，跛行明显。一般经10d左右可以自愈，但可造成初生仔猪死亡。临床特征是在蹄冠、趾间、蹄踵皮肤发生水疱和烂斑，部分病猪在鼻盘、口腔黏膜及哺乳母猪乳头周围也有同样病变。

（2）防治。不从疫区调入猪和猪肉制品，屠宰下脚料和泔水需经煮沸后，方可喂猪。疫区和受威胁区要定期预防注射。接种乳鼠化弱毒疫苗和细胞培养弱毒苗，肌肉注射后4～8d产生免疫力，保护率达80%，免疫期6个月以上。

6.7.9　猪喘气病

（1）临床症状。猪喘气病的早期症状是咳嗽，随后出现喘气和呼吸困难，根据整个病情的经过可以分为急性、慢性和隐性3种类型。

①急性型：见于新疫区，以母猪和仔猪多见，突然发病，呼吸次数增多，每分钟60～100次，呈明显的腹式呼吸，随着病情的发展，病猪呼吸困难，甚至张口呼吸，体温正常，食欲减退或废绝，如继发细菌感染，死亡率很高。

②慢性型：见于老疫区，主要症状是顽固性咳嗽和喘气。病初出现短而少的干咳，随后出现连续的痉挛性咳嗽，特别是早晨、晚间，奔跑、进食或气候变化时最为明显。随着病情的加剧，呼吸次数可达 100 次/min，并呈现典型的腹式呼吸。病猪早期食欲无明显变化，随后出现少食或绝食。如果继发感染，大多死亡转归。

③隐性型：见于成年肥育猪，症状不明显，仅有轻度的喘气和咳嗽症状，精神、体温，食欲无明显变化。

（2）防治。在曾经发生过猪喘气病的地方可用猪喘气病灭活疫苗给健康仔猪免疫接种，每头仔猪注射 1mL。

严格隔离病猪。一旦发现病猪，立即隔离治疗。

（3）治疗。

①2％氧氟沙星或蒽诺沙星注射液，肌肉注射，每千克体重 0.1～0.2mL，1～2 次/d，连用 2～3d。

②长效土霉素注射液，每千克体重肌注 25～30mg，隔 2d 注射 1 次，连用 2～3 次。

③在饲料中加入土霉素 200μg/mL 或枝原净、泰妙菌素 100μg/mL，连用 1～2 周。

6.7.10　猪丹毒

（1）临床症状。

①败血型：发病快，体温在 42.5℃以上，稽留不退。食欲废绝、寒战、喜卧、行走摇摆不稳。眼结膜潮红，两眼特别清亮有神，很少有分泌物；大便干燥；耳、胸、腹、腋下等处皮肤发红，按压褪色。病程较短，发病后 2～4d 死亡。

②疹块型：病猪体温升高，精神不振，食欲不佳，发病后 1～2d 在胸侧、背部、颈部、腹部和四肢外侧的皮肤上发生界限明显、圆形、方形或菱形的疹块，疹块暗红色或紫红色，呈扁平凸起状，触诊感硬，形如烙印，故称"打火印"。数天后疹块逐渐消退。凸起部分下陷，最后形成干痂，脱落而自愈。

③慢性型：主要表现为心内膜炎或关节炎。

（2）防治。加强饲养管理，搞好环境卫生，消除各种诱因，减少应激刺激。在常发猪场或地区可以用猪瘟、猪丹毒、猪肺疫三联苗预防接种。一旦发现本病，立即用百毒杀（癸甲溴氨溶液）1：500水喷雾或泼洒消毒。病猪首选青霉素钾、钠粉针或头孢氨苄按每千克体重肌注3万～5万IU，并配合解热镇痛剂使用。也可用增效磺胺嘧啶钠注射液按每千克体重肌注20～30mg，1日2次，连用2～3d。

6.7.11 猪肺疫

（1）临床症状。猪肺疫的最急性型往往不见临床症状就突然死亡。多数病猪可见体温升高，呼吸困难，张口喘息，呈犬坐姿势，颈下部咽喉区皮肤肿胀触摸有热感，略显坚硬，即所谓"锁喉风"，口鼻流液。治疗不及时转为慢性，病猪咳嗽，消瘦，甚至虚脱。临床上与猪喘气病难以鉴别，多混合感染。

（2）防治。

加强饲养管理：全进全出式生产封闭式猪群，尽量减少混群及分群；减少猪舍及猪栏的猪头数。搞好圈舍及环境消毒：可用毒杀净消毒液，按1：500兑水，喷雾或泼洒消毒，每周1次。

（3）治疗。

①青霉素和链霉素混合使用，各按每千克体重肌注2万～4万IU，1日2次，连用2～3d，效果良好。

②2%氧氟沙星或蒽诺沙星注射液，每千克体重肌注0.1～0.2mL，1～2次/d，连用3d。

③长效土霉素注射液，每千克体重肌注0.1mL，2～3d注射1次即可。

6.7.12 猪链球菌病

（1）临床表现。

①急性败血型：体温升高达41～43℃。便秘，粪干硬。常有浆液鼻漏，眼结膜潮红，流泪。几小时至2d内一部分猪出现

关节炎、跛行、爬行或不能站立，有些出现神经症状。有些猪颈、背部皮肤广泛充血、潮红、后期出现呼吸困难。

②脑膜脑炎型：多发于哺乳仔猪和断奶仔猪，便秘。很快发现神经症状，如前肢高踏或四肢不协调，爬行、游泳状、昏迷等。

③亚急性或慢性：仅表现为食欲不振，有轻微跛行或关节肿大。

（2）防治。发病猪场应严格消毒，可用毒杀净或百毒杀消毒液按 1∶500 的比例对圈舍、地面、通道、运动场、用具严格消毒。对病猪应隔离治疗。

（3）治疗。

①可用青霉素粉针，按每千克体重肌肉注射 2 万～3 万 IU。必要时，全群注射。对体温较高者，配合氨基比林、安乃近注射液肌注效果良好。

②增效磺胺嘧啶钠注射液，按每千克体重肌肉注射 10～20mg，1～2 次/d。

6.7.13　仔猪副伤寒

（1）临床症状。发热，体温升高到 40℃ 以上，呼吸快、发抖、眼结膜充血、潮红，有脓性眼粪黏附于上下眼睑之间，腹痛、腹泻、排出淡黄色恶臭的稀粪。粪中混有黏液和假膜，消瘦，生长停滞。病猪耳、胸、腹、四肢皮肤变成蓝紫色或有出血斑，最后死于败血症。

（2）防治。

①预防：猪副伤寒冻干苗，1 月龄以上的健康仔猪肌肉注射 1mL/头。用土霉素添加剂加在饲料中预防本病发生。

②治疗：特效猪痢停，每 80kg 用 30g 分两次拌料内服，连用 2～3d；氧氟沙星 0.4～0.5mL/kg 体重，肌肉注射，土霉素针 40mg/kg，分点肌肉注射；维生素 C 0.5～1.0g/100kg、地塞米松 2.5～5.0mg/100kg，混合肌肉注射。

6.7.14　仔猪黄痢、白痢

（1）临床症状。

①仔猪黄痢：主要是拉黄痢、粪便大多呈黄色水样，内含凝乳块，顺肛门流下；捕捉、挣扎或鸣叫时，粪便常由肛门冒出。精神沉郁、不食、脱水、昏迷而死。急者不见下痢，倒地而死。

②仔猪白痢：粪便为白色、灰白色或黄白色粥样、有腥臭味，有时粪便中混有气泡，初期体温不高、精神尚好。如治疗不及时，下痢加剧，食欲废绝、走路不稳、寒战、喜钻入垫草中。如发生肺炎，经5～8d死亡。

（2）防治。加强仔猪、母猪的饲养管理，搞好圈舍卫生；仔猪提前补饲，增加胃肠消化功能；为仔猪保暖。

母猪产前第3天可用止痢散按每天50～100g拌料投喂，连用3d；同时肌注2%蒽诺沙星注射液，每千克体重0.2mL。

2%环丙沙星或痢菌净注射液，每头仔猪肌肉或交巢穴注射2～3mL，连用2～3次。

用"百痢净"片或散，一次用量为每千克体重0.2～0.3g，调水灌服。

补充水分可将葡萄糖20g、碳酸氢钠3.5g、氯化钠2.5g、氯化钾1.5g溶于1 000mL水中，任猪自由饮用。

6.7.15　仔猪水肿病

（1）临床症状。患仔猪水肿病的仔猪初期常见不到症状就突然死亡。发病较慢的体温升高达40.5～41.0℃；行走时四肢不协调，有的盲目走动或转圈，触之尖叫；突然倒地，呈游泳状，口流泡沫，呼吸困难，叫声嘶哑；眼结膜潮红，颈部皮下、前额、唇及喉头严重水肿。严重时，上下眼睑仅一条缝隙。

（2）防治。目前尚无特效预防药物，通过注射"仔猪水肿病菌苗"预防水肿病效果不理想。水肿病抗毒素对出现典型症状的病猪仍然疗效不佳，可在养殖过程中采取以下方法预防。

①减少肠道应激：从断奶到喂全价饲料要稳步过渡；一窝仔

猪使用某种品牌的饲料后，最好中途不要更换。

②改变饮水的酸碱度：仔猪开始大吃饲料期间，每天在饮水中加入少量食用醋，可收到一定的预防作用。

③科学饲喂：少量多餐，每天喂 4～6 次，每次仅喂 7～8 成饱，特别是在饲喂高蛋白全价饲料时，更要注意控制好喂量。

④药物预防：仔猪在大吃饲料期间，每隔 5～7d 每头仔猪用土霉素 4～6 片，敌菌净 2～4 片，维生素 E0.1g 喂两天，每天两次拌料。

⑤暂时减少或停喂高蛋白饲料，改喂青饲料拌有黄玉米粉的高能低蛋白饲料，抓紧治疗尚未出现症状的病猪：a. 氧氟沙星（1%）0.4～0.5mL/kg 体重，肌肉注射，或每头仔猪以氨苄西林 0.5～1.0g，肌肉注射，柴胡 2～4mL，维生素 C 0.5～1g，地塞米松 2.5～5.0mg 混合肌注，每天两次。b. 强力水肿灵（每千克体重 0.1～0.2mL），肌肉注射，每天两次，连续 2 天。c. 维生素 E 5mL（50mg/mL），亚硒酸钠 1～2mL 分别肌肉注射 1 次；氧氟沙星 0.4～0.5mL/kg 体重，肌肉注射，一天 2 次。d. 病菌灵注射液，每千克体重 0.5mL，一天 1 次。

6.8　主要寄生虫病

6.8.1　寄生虫防治技术

为防止寄生虫病，首先要给猪提供良好的环境条件。猪群密度要合理，圈舍要经常清扫和消毒，猪粪和垫草采用堆肥发酵处理。

定期对猪群进行预防性驱虫。驱虫的时机选在：断奶猪进入成长舍之前，成长猪进入成长舍 2 个月后，母猪怀孕进入分娩舍之前，公猪则每半年驱虫 1 次。驱虫的同时，应消灭或驱除中间宿主与传播媒介，如蚯蚓、蚊蝇、猫、鼠等。

6.8.2　药物控制方法

①药物选用：阿维菌素可驱除猪体内外主要危害性寄生虫，

是猪场控制寄生虫的首选药物。在推荐剂量下使用对动物无毒害副作用，可用于母猪产期驱虫。只用一种药物即可达到内驱外浴、体内外寄生虫兼治的目的。

②应用程序：每年春、秋季对全场猪各用药1次。每千克饲料拌入1.5～2.0g阿维菌素（0.2%）粉剂，自由采食，连用3d。

③仔猪：在20～30日龄、60～70日龄各驱虫1次，第一次按0.5g/kg的比例拌料，第二次按1.0g/kg的比例拌料，自由采食，连用3d。新购仔猪在进场后第2周用药1次。

④母猪：怀孕母猪产前1～2周用药1次。按2.0g/kg的比例拌料，哺乳母猪按1.0g/kg的比例拌料，自由采食，连用3d。

⑤种公猪：一般在春、秋两季各驱虫1次，引进种猪先驱虫1次后再合群。每次按2.0g/kg的比例拌料，自由采食，连用3d。

⑥生长育成猪：9周龄和6月龄各驱体内外寄生虫1次。

⑦猪舍与猪群驱虫消毒：每月对种公猪及后备猪喷雾，驱除体外寄生虫1次。产房进猪前空舍空栏杀虫1次，临产母猪上产床前驱除体外寄生虫1次。

含阿维菌素或伊维菌素的预混剂，混饲连喂1周，只驱体外寄生虫可用杀螨灵（有效成分：三氯杀螨醇）或敌百虫、双甲可米等，采用体外喷雾的方法。

6.8.3 主要猪寄生虫病

（1）附红细胞体病。

①症状：贫血，猪的体温高（40.5～41.5℃），耳、腹下、股内侧皮肤紫红，眼结膜先潮红后苍白、颤抖、怕冷等。可能和其他疾病混合感染，表现出不同交叉症状。

②防治：消灭昆虫。注意针头及器械消毒，可以减少本病发生。可用药物：a. 新胂凡纳明，猪用量为15～45mg/kg体重，治疗时用5%葡萄糖注射液溶解，制成5%～10%新胂凡纳明注

射液，缓慢静脉注射。b. 磷酸伯氨喹啉，是治疗血液原虫的特效药物，为治疗猪附红细胞体病的首选药物。c. 四环素、多西环素，发病初期用四环素，剂量为 15mg/kg 体重，分 2 次肌肉注射，可连续使用 1 周。或用多西环素 300～400μg/mL 拌料或 150～200μg/mL 饮水，连续使用，直至症状消失。多西环素是治疗母猪附红细胞体病的首选药物。

（2）弓形体病。

①症状：病猪精神沉郁，食欲减退、废绝，尿黄便干，体温呈稽留热（40.5～42.0℃），呼吸困难，呈腹式呼吸，到后期病猪耳部、腹下、四肢可见发绀。

②治疗：目前常用的兽用抗生素无效，而磺胺制剂效果良好。可用药物：a. 磺胺嘧啶针剂，按每千克体重 0.07g，肌肉注射，每日 1 次。b. 增效磺胺 5 - 甲氧嘧啶注射液，每千克体重 0.2mL 肌肉注射，每日 2 次，连用 5d。c. 长效磺胺，每千克体重 50mg 与磺胺嘧啶（每千克体重 3mg）并用，口服，每日 1 次，连用 3～5d。

（3）猪蛔虫病。

①症状：大量虫体寄生时，患猪表现消瘦、贫血、生长缓慢，严重者可引起肠梗阻和肠穿孔。幼虫移行至肺时，引起蛔虫性肺炎，临床表现为咳嗽，呼吸增快，体温升高，食欲减退和精神沉郁。

②治疗：可用药物：a. 左旋咪唑，按每千克体重 10mg 用量喂服。b. 阿苯达唑，按每千克体重 10mg 用量喂服。c. 伊维菌素针剂，按每千克体重 0.3mg 用量，一次性皮下注射。d. 多拉菌素针剂，按每千克体重 0.3mg 用量，一次性肌肉注射。一般在用药后 2～3 周再用药治疗 1 次，以驱除又发育成的蛔虫成虫。

（4）肺丝虫病。

①症状：病猪强烈阵咳，食欲减退，被毛粗乱，呼吸困难，体温升高，为 41～42℃，咽喉部坚硬、发热、红肿，腹式呼吸，

触诊胸部有明显疼痛。鼻流黏稠液，可视黏膜发绀，眼结膜有脓性分泌物。颈部及下腹部皮肤上有红斑或出血点。初便秘，后腹泻。最后病猪多因窒息而死亡。

②防治：可用药物：a. 左旋咪唑，剂量为每千克体重用8mg，混匀拌在饲料内1次喂给，有100%的驱虫效果；或7.5mg/kg一次性肌肉注射。b. 阿苯达唑，用量为10~20mg/kg体重，口服，效果较好。严重者可24小时后重复1次。c. 伊维菌素，用量为0.3mg/kg体重，口服或皮下注射。严重者7天后可重复1次。

（5）疥满病。

①症状：病猪患部发痒，经常在猪舍墙壁、围栏等处摩擦，经5~7d皮肤出现针头大小的红色血疹，并形成脓包，时间稍长，脓包破溃、结痂、干枯、龟裂，严重的可致死，但多数表现发育不良，生长受阻。

②治疗。可用药物：a. 伊维菌素或阿维菌素0.3mg/kg体重，一次性皮下注射。隔7~10d后重复1次。同时可驱除猪体内的各种线虫。b. 0.005%溴氰菊酯溶液涂擦患部，7~10d后重复1次。c. 0.05%双甲脒溶液涂擦患部，7~10d后重复1次。d. 0.5%螨净（2-异丙基-6-甲基-4-嘧啶基硫代磷酸盐）乳剂涂擦患部，7~10d后重复1次。

6.9 常见普通病

6.9.1 生猪霉变饲料中毒

（1）临床症状。病猪出现食欲不振，减食或废绝，精神沉郁，可视黏膜黄染或苍白，严重者出现角弓反张、抽搐、便血等症状。

（2）治疗与预防。停止饲喂霉变饲料。早期可行灌肠，排出肠内容物。研碎的甘草20g，蛋氨酸0.5g，复合维生素B溶液6mL，维生素C液500mL，加温水2 000mL，混匀拌料饲喂。

6.9.2 生猪中暑（日射病及热射病）

（1）临床症状。由于病因不同，生猪出现不同的临床症状。日射病病初出现精神沉郁，腿脚无力，步态不稳等症状，随着病程也可能出现心力衰竭，兴奋不安或痉挛抽搐，继而死亡。热射病体温多在 40℃，出汗严重，喜于凉处，好饮水。当体温继续升高时，沉郁加重，个别还会出现兴奋不安等症状，继而张口喘气，心率加快。

（2）治疗与预防。

①治疗：对病猪耳尖、尾尖放血 100～200mL，再用十滴水兑水适量内服。

②预防：防止日光直射猪体，加强圈舍通风，保持圈舍清洁，确保饮水充足并添加适量防暑药。

6.9.3 生猪钙、磷缺乏

（1）临床症状。小猪临床表现为佝偻病，成年猪表现为骨软症。临床均以消化紊乱、异食癖、骨骼弯曲为主要特征。小猪多不愿战立，拱背，骨骼软骨过度增生，体积增大，出现"佝偻珠"。骨软症多见于母猪，最初表现异食为主，后是骨易折、骨骼变形、出现跛行等运动障碍。

（2）治疗与预防。适当补充维生素 D、钙、磷，加强运动，多晒太阳。

7 废弃物处理与利用

猪场废弃物主要包括粪便、污水、病死猪、医疗废弃物等。

7.1 粪污处理及资源化利用

7.1.1 粪污清粪工艺

目前,生猪养殖主要清粪方式有水冲粪、干清粪、水泡粪等。

(1)水冲粪。水冲粪有两种,一种是猪的粪、尿、污水混合进入漏缝地板下的粪沟,每天数次从沟端放水冲洗,粪水顺粪沟流入粪便主干沟;另一种是猪舍地面建设有一定坡度,粪沟设在坡面最低处,清理粪便时,直接用水冲洗圈舍地面,猪的粪、尿随冲洗水直接进入排粪沟流走。

用水冲粪方式可保持猪舍内环境清洁,劳动强度小,劳动效率高,但耗水量大,且最终需要处理的污染物浓度较高,会增加后端粪污处理难度,因此,一般不推荐采用该方式。

(2)干清粪。包括人工干清粪和机械干清粪。人工干清粪是采用人工方式从猪舍地面收集全部或者大部分的固体粪便,地面残余粪、尿用少量水冲洗,从而使固体和液体粪便分离的清理方式。其优点是冲洗用水较少,污水污染物浓度较低,后期污水处理成本低。机械干清粪是利用专用的机械设备(如刮粪板)替代人工清理出猪舍的固体粪便,机械设备直接将收集的粪便运输至猪舍外,或粪便储存设施内;地面残余粪、尿用少量水冲洗。

刮粪板主要包括链式刮粪板和往复式刮粪板。其优点是节约人力,工作效率高,缺点是一次性投资较大,且运行和维护还需要一定费用。

总体看来,干清粪方式冲洗用水较少,减少水资源消耗,污水中有机物含量低,有利于后期处理和成本控制。

（3）水泡粪。水泡粪是在猪舍地面采用漏缝地板，粪、尿通过漏缝地板进入粪沟中，储存一定时间后，待粪沟装满或圈舍内的猪出栏或转群后，打开地下粪沟的阀门，将粪沟中的粪水排出，进入舍外的储粪池内。水泡粪主要有截留阀式和沉淀阀式，优点都是比水冲粪工艺节约用水、人力。缺点是设施建设要求高，粪便在猪舍内停留发酵，产生大量有害气体，对舍内空气产生不良影响。混合后污染物浓度更大，几乎无法有效固液分离，若采用全量就近还田，需有足够的土地消纳。

7.1.2　液体粪污处理

对于液体粪污的处理，主要分为源头减量、无害化处理后资源化利用或清洁回用、达标排放。

（1）雨污分流。是指在养殖场内设置两条不同用途的液体收集系统，从源头上减少粪污产生量，从而最大限度减少后端处理压力，降低处理成本。雨水沟收集雨水，采用明沟形式，污水沟用于收集液体粪污，通常为暗沟。雨水明沟的基本尺寸为 $0.3m \times 0.3m$；在猪舍的粪污排放口或集粪池排放口，铺设污水输送管道，管道直径在 $200mm$ 以上，粪污通过管道直接输送至粪污处理系统，采用重力流输送的粪污管道，管底坡度不低于 2%。

（2）固液分离。是主要的粪便预处理工艺。通常采用物理或者化学的方法，将粪便中的固体粪便和液体粪便分开。目前广泛使用的固液分离方法是机械分离法，常用的机械分离机有筛分离机、挤压分离机、离心分离机等。通过泵将粪水抽至主机，经挤压，螺旋绞龙将粪水推至主机前方，将物料中的水分挤出网筛，流出排出管，分离出的粪水可以直接排放到沼气池进行沼气发酵；固体干粪由出料口挤出，堆积发酵。

（3）储存设施。需要配套建设足够的粪污储存设施，设在生产及生活管理区常年主导风向的下风向或侧风向处，同时做好防雨防渗防漏措施。污水储存池建设要求按照 GB/T 26624 和 NY/T 2374 执行，有条件的要覆膜储存。采用水泡粪工艺的，生猪每头每天养殖过程中污水产生量按 8～11kg 核算，常规停留时间推荐：沼气池停留时间不低于 20d，沼液储存池（含田间池）总停留时间不低于 60d。

（4）处理方式。液体粪污处理主要采用生化处理工艺。猪场常见的液体污水处理方式见表 7-1。

表 7-1　猪场常见的液体污水处理方式

处理工艺	措施与环节	优缺点	利用方式
自然生化处理	氧化塘、湿地等	投资小、耗能低，效率低，占地大、易污染	污水回用或还田
人工好氧生化处理	活性淤泥、氧化沟等	净水效率较高，投资相对较大	出水还田、沼液还田
人工厌氧生化处理	沼气池等	运行费用较低，产生恶臭气体	出水还田、沼肥施用
人工好氧—厌氧生化处理	沼气池、氧化沟等	净化效果好，投资大	还田、清洁回用、达标排放

7.1.3　固体粪污处理

生猪固体粪污处理方法常见的是采用生物发酵法，包括好氧发酵和厌氧发酵，主要是依靠微生物，在有氧或无氧的条件下，微生物分解粪便中的有机物，使其稳定固化。

（1）好氧堆肥发酵。好氧堆肥发酵是目前较为普遍的生猪固体粪便处理方式。是在有氧条件下，依靠好氧微生物（主要是好氧细菌）的作用使粪便中有机物质稳定化的过程。

①堆肥方式：主要分为堆式堆肥、条垛式堆肥、槽式堆肥、反应器堆肥 4 种方式。a. 堆式堆肥是指将混合好的物料堆成堆式，进行好氧发酵的方法，有动态堆式堆肥、静态堆式堆肥等。b. 条垛式堆肥是指将混合好的物料堆成条垛，进行好氧发酵的方法，有动态条垛式堆肥、静态条垛式堆肥等。c. 槽式堆肥是

指将混合好的物料置于槽式结构中，进行好氧发酵的方法，分为连续动态槽式堆肥、序批式动态槽式堆肥、静态槽式堆肥等。d. 反应器堆肥是指将混合好的物料置于密闭容器中，进行好氧发酵的方法，分为筒仓式反应器堆肥、滚筒式反应器堆肥和箱式反应器堆肥等。

②堆肥设施：场内建设粪便堆肥场，设在生产及生活管理区常年主导风向的下风向或侧风向处，同时采取搭棚遮雨和水泥硬化等防雨、防渗、防漏措施，堆肥场的地面应高出周围地面至少30cm。采用干清粪工艺的，堆肥设施发酵面积不低于 $0.005m^2 \times$ 发酵周期（d）×设计存栏量（头）。

③发酵设备：堆式堆肥翻堆设备宜选择铲车翻抛。条垛式堆肥翻抛设备宜选择自走式或牵引式翻抛机，可根据条垛宽度和处理量选择翻抛机。对于简易垛式堆肥，也可用铲车进行翻抛。槽式堆肥设备主要包括翻堆设备、通风设备等。物料翻堆设备使用翻堆机，堆体通风设备使用风机。反应器堆肥设备按进出料方式分为动态反应器和静态反应器。动态反应器主要包括筒仓式、滚筒式、箱式等类型，静态反应器主要包括箱式、隧道式等类型。

④堆肥工艺流程：主要包括原料预处理、高温发酵、后熟发酵和臭气处理等环节，详见图7-1。

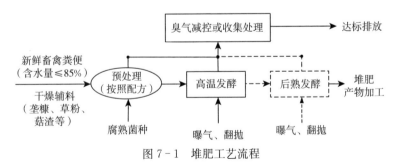

图7-1 堆肥工艺流程

原料预处理：根据配方，对发酵物料的水分、碳氮比（C/N）、pH、孔隙度等参数进行调节。畜禽粪便与辅料混合预处理后应符合以下指标：含水率45%～65%，C/N（20～40）：1，pH 5.5～9.0。堆肥过程中接种有机物料腐熟菌种，接种量为堆肥发酵物料质量的0.1%～0.2%。菌种应符合NY/T 1109中菌种安全分级目录的规定。

高温发酵：指堆体开始发酵、温度逐渐升高、储存发酵一段时间后堆体温度开始降温的高温发酵过程，是实现畜禽粪便无害化、减量化和半腐熟化的过程。在高温发酵过程中，堆体温度应在55℃以上，堆式发酵维持时间不少于15d，条垛式堆肥维持时间不少于10d，槽式堆肥维持时间不少于7d，反应器堆肥维持时间不少于5d。堆体温度高于60℃时，应通过翻堆、搅拌、曝气等方法降低温度、增加氧气、蒸发水分。堆式堆肥、条垛式堆肥和槽式堆肥，每天翻堆次数宜为1～2次；反应器堆肥宜采取间歇搅拌方式（如：开30min，停30min）。实际运行中可根据堆体温度和物料含水量调整频率。

后熟发酵：指将经过一次发酵后的半腐熟物料，进一步降解实现完全腐熟的过程。根据堆肥产品应用方向决定是否需要后熟发酵过程，后熟发酵时间应根据对物料的腐熟度要求确定，一般要求堆体温度接近环境温度、堆体无臭味、无蝇蛆时终止发酵。

臭气处理：是将原料预处理、高温发酵和后熟发酵过程中产生的恶臭气体减控处理或者密封收集处理，实现达标排放的过程。经处理后的恶臭气体浓度应符合GB 18596的规定。

⑤堆肥质量评价：高温发酵产物、后熟发酵产物应分别符合表7-2、表7-3的要求。

表7-2 高温发酵产物质量要求

项目	指标
有机质含量（以烘干基计，%）	≥30
水分（%）	≤50

（续）

项目	指标
蛔虫卵死亡率	符合 NY 525 的规定
粪大肠菌值	符合 NY 525 的规定
重金属	符合 NY 525 的规定

表 7-3　后熟发酵产物质量要求

项目	指标
有机质含量（以烘干基计，%）	≥30
水分（%）	≤45
种子发芽指数（GI，%）	≥70
蛔虫卵死亡率	符合 NY 525 的规定
粪大肠菌值	符合 NY 525 的规定
重金属	符合 NY 525 的规定

（2）厌氧发酵。厌氧发酵也是目前较为普遍的生猪固体粪便处理方式，采用该方法时，多与处理液体粪便同时进行。

7.1.4　异位发酵床粪污处理

在源头减量的基础上，集成槽式发酵堆肥工艺、原位发酵床处理粪尿技术，通过高温好氧微生物的发酵作用，分解粪便和尿液中的有机肥，同时产生热量，蒸发水分，保留养分，实现粪便和尿液简易化处理的一种新技术、新工艺。其主要工艺流程见图 7-2。

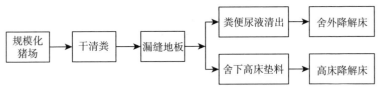

图 7-2　异位发酵床粪污处理技术工艺流程图

（1）原料要求。粪便和尿液要尽可能的新鲜，粪浆中的有机物浓度不能小于 5%。垫料宜选用难降解的有机物，并通过粉碎、揉搓等工艺提升其容重，加入粪水（粪浆）混合后，垫料的 C/N 为 30∶1。

（2）建设规模。采用异位发酵床工艺的，每头存栏生猪粪污暂存池容积不低于 0.2m³，发酵床建设面积不低于 0.2m²，并有防渗、防雨功能，配套搅拌设施。发酵床内高大于 2m，垫料高大于 1.5m，粪污的储存设施有效容积应为异位发酵床粪污处理技术日处理规模的 1.5 倍。

（3）接种菌种。按照 0.1%～0.5% 比例计算菌种量。将菌种先与 5～10 倍垫料混合均匀，稀释放大。

（4）调节水分。物料含水率控制在 45%～55%，少量多次均匀喷洒适量粪水（粪浆），每喷洒一次手工测定含水量 1 次，抓一把翻拌均匀的垫料，用力攥紧，指缝间无水渗出，松开后，垫料不结成团，酥松散落即可。

（5）起温发酵。24～48h 内上层温度上升到 45～55℃，发酵横向每隔 2m 设置 1 个温度监测点，测定 0.8m 深处的垫料温度。当所有监测点温度均在 60℃ 以上且保持 48h，即可使用。

（6）翻抛频率。

①初建发酵床（1 个月）：垫料较黄，营养太低，增加点干清粪，2d 翻耕 1 次。

②运行发酵床（大于 6 个月）：垫料转褐色，粪尿（粪浆）喷洒一般按 25kg/（d·m²），1d 翻耕 1 次，添加垫料。

③腐熟发酵床（大于 12 个月）：垫料转黑褐色，粪尿（粪浆）喷洒 25kg/（d·m²），1d 翻耕 1 次，曝气 1h。

7.1.5 粪肥还田利用

采用种养结合粪肥还田利用的生猪家庭农场，周边应配套与养殖规模、粪污处理工艺相适应的消纳土地。粪肥还田应根据作物种类、需肥特性、土壤特征、气候条件等因素合理采用还田方式和确定还田量，不得对环境和作物生长造成不良影响。

（1）粪肥输送。进行粪肥施用时，应根据养殖场周边匹配农田的地形和位置，配套建设有效的粪肥运送网络，确保粪肥能到达需肥的农田。无害化后的粪肥可通过管网或罐车输送，具体应综合考虑距离因素、经济条件等方面，选择合理的输送方式。粪尿全混的高黏稠粪浆宜用罐车运输，运输车需具有防渗漏、防流失和防撒落等防护措施。农田与养殖场距离较远，可在田间建设粪水农田储存池，储存池设计应具有防渗漏及覆盖防雨安全功能，并配置固定或流动的粪肥还田设备；采用管网输送的液体粪肥应进行固液分离预处理，输送管道应具备防爆、防腐、抗堵等安全功能，推荐使用聚乙烯（PE）管材。输送管道宜采用埋设的方式，距管顶深度不低于40cm，裸露部分应进行防老化处理，管网应布设排水、泄空装置。当输送距离超过2km时，输送主管内径不低于200mm；当输送距离超过3km时，需设置管道增压泵。根据地形与施肥便捷的原则，在田间地头设置预留施肥口并设阀门控制，施肥软管可用消防软管，软管长度根据输送管内沼液压力大小确定。

（2）农田施用。

①还田方式：粪肥可作为基肥或追肥还田利用。腐熟后的固体粪肥作为基肥一次性施用，大田作物可配套撒肥机施用。液态粪肥作为基肥利用时，可选择漫灌（适用于水田、大田、蔬菜作物）、沟灌（适用于大田、蔬菜作物）、环状施肥（适用于多年生果树）等方式；追肥依据便捷性原则，可采用沟灌、喷灌、滴灌等方式。地下水位较浅区域建议采用喷施或滴灌施肥，防止对地下水造成影响。粪肥农田施用时应避开雨季，宜早晚施用，施入裸露农田后应在24h内翻耕入土。

②限量还田：粪肥用量不能超过作物当年生长所需的养分量。粪肥还田量根据土壤肥力、作物预期产量，结合粪肥中营养元素的含量、作物当年或当季的利用率来计算基施或追施的投加

量。液态粪肥单次施用量不宜超过田间持水量，最大施用量不得超过 60t/亩*。粪肥还田在保障作物氮磷养分需要的基础上，还应兼顾对其他养分的特殊需求。应依据 NY/T 1118—2006 和 NY/T 496—2010 要求，满足作物平衡施肥、优质高产的要求。

（3）配套土地测算。根据《土地承载力测算技术指南》，按照该模式（粪污全量还田利用模式）的清粪方式、粪污处理工艺以及养殖规模，在设定全市土地土壤氮、磷养分均为Ⅱ级（45%），有机肥替代化肥的比例为 50%，粪肥氮素当季利用率为 30%，粪肥磷素当季利用率为 35% 的情况下，在常年存栏 1 500 头生猪时，不同种植作物的配套土地数量见表 7-4。

表 7-4　常见种植作物土地承载力推荐表

单位：亩

作物种类	存栏猪 1 500 头（当季）
小麦	285
水稻	300
玉米	180
大豆	285
马铃薯	135
黄瓜	420
番茄	465
茄子	420
萝卜	165
青椒	300
大白菜	390
梨	330

---

* 亩为非法定计量单位，1 亩≈666.7m² 。——编者注

（续）

作物种类	存栏猪 1 500 头（当季）
葡萄	795
柑橘	180
茶叶	360
苜蓿	255
猕猴桃	63

（4）风险管控。液态粪肥施用农田与各类功能的地表水体距离不得小于 5m。农田施用液态粪肥应防止地表径流，保证其下游最近的灌溉取水点的水质符合《农田灌溉水质标准》（GB 5084—1992）。长期使用粪肥的土壤和作物应每年采样监测，评估是否存在重金属积累风险以及养分失衡情况，指导矫正施肥。

7.2　病死猪处理

猪场业主是病死猪无害化处理的第一责任人，应及时无害化处理病死猪并向当地畜牧兽医部门报告猪的死亡及处理情况。严禁出售和随意丢弃病死猪、死胎及胎衣。有条件的，按照国家相关法律法规及《病死及病害动物无害化处理技术规范》等相关技术规范建立场内无害化处理设施设备，进行场内无害化处理。没有条件的猪场，处理时需由地方政府统一收集进行无害化处理。如无法当日处理，需低温暂存。收集、转交、处理病死猪、死胎、胎衣及相关材料时，应及时做好清理消毒。

根据我国当前实际情况，病死猪无害化处理主要包括以下几种处理方式。

7.2.1　生物降解法（堆肥处理）

在国家或地方法律、法规允许的条件下，在有氧的环境中利用细菌、真菌等微生物对有机物分解腐熟而形成肥料的自然过程即生物降解法。一般情况下，病死的猪放入堆肥装置后，混合一些堆肥调理剂，大约 3 个月，死猪尸体几乎完全分解时，翻搅堆肥，即可作为农作物的有机肥料，达到降低处理成本，提高生物安全的目的。

7.2.2 化尸窖法

在专门的猪场隔离和病死猪处理区内建设专用的尸体窖，将病死的猪尸体抛入窖内，利用生物热的方法将尸体发酵分解，以达到消毒的目的。实际应用中，对尸体坑的建设位置及建筑质量有较高的要求，而且处理尸体所需的时间较长，后期管理难度高。

7.2.3 焚烧法

是一种高温热处理技术，即病死猪在焚烧炉内进行氧化燃烧反应，废物中的有害、有毒物质在高温下氧化、热解被破坏，是一种可同时实现废物无害化、减量化、资源化的处理技术。

7.2.4 深埋法

将病死猪尸体或附属物深埋处理，以彻底消灭其所携带的病原体，达到消除病害因素，保障人畜健康安全的目的。此法不适用于患有炭疽等芽孢杆菌类疫病的猪，在发生疫情时，为迅速控制与扑灭疫情，防止疫情传播扩散，或一次性处理病死动物数量较大时，最好采用深埋方法。

7.3 兽用医疗废弃物

猪场医疗废弃物包括用过的针管、针头、药瓶等，须放入由固定材料制成的、防刺破的安全收集容器内，不得与生活垃圾混合；严禁重复使用。可按照国家法律法规及技术规范焚烧、消毒后，集中填埋或由专业机构统一收集处理。严禁随意丢弃。

7.4 餐厨废弃物（泔水）处理

餐厨废弃物（泔水）存放于厨房附近指定区域密闭盛放，每日清理，严禁用于饲喂猪。

7.5　生活垃圾处理

生活垃圾应源头减量，严格限制使用不可回收或对环境高风险的生活物品；场内设置垃圾固定收集点，明确标识，分类放置；垃圾收集、储存、运输及处置等过程须防扬散、流失及渗漏。

7.6　风险动物控制

7.6.1　定期巡视

对猪场实体围墙或栅栏需定期巡视，发现漏洞及时修补，防范野外的猪、犬、猫等动物进入。禁止种植攀墙植物。

7.6.2　场内禁止饲养其他畜禽

需饲养犬、猫的，宜拴养或笼养。

7.6.3　防鼠、防鸟措施

可在鼠出没处每 6～8m 设立投饵站，投放灭鼠药；或在猪舍外 3～5m 处铺设尖锐的碎石子（2～3cm 宽）隔离带，防止鼠接近猪舍；或在实体围墙、隔离设施底部安装 1m 高光滑铁皮作挡鼠板，挡鼠板与围墙压紧无缝隙。在圈舍通风口、排污口安装防鸟网，侧窗安装纱网，防止鸟类进入。

7.6.4　猪舍内有害生物控制

在猪舍内悬挂捕蝇灯和粘蝇贴，定期喷洒杀虫剂；猪舍内缝隙、孔洞是蜱虫的藏匿地，可向内喷洒杀蜱药物（如菊酯类、脒基类），并用水泥填充抹平。

附件1：移动式猪舍投资分析

一、投资成本

投资主要包括圈舍建设、猪苗与饲料预付款两部分。根据饲养规模，其总投资在15万～30万元。

1. 移动式猪舍投资

移动式猪舍根据饲养规模的不同，投资金额也有所不同，可由养殖业主自行建设，也可委托合作的龙头企业负责建设。预计投资金额见表附1-1。

表附1-1　移动式猪舍建设参考投资成本

单位：万元

投资	猪舍养猪	
	存栏50头	存栏猪100头
材料费	4	8
人工费	1	2
合计	5	10

2. 猪苗与饲料预付款

除了前期的圈舍建设投资外，还需提供猪苗和饲料预付款，按2 000元/头预付，预付款在生猪回收时结算返还。常年饲养50头、100头生猪的养殖户前期猪苗和饲料预付投资金额见表附1-2。

表附1-2　猪苗和饲料预付投资成本

单位：万元

	存栏猪50头	存栏猪100头
预付金额	10	20

二、投资收益

1. 养殖效益

饲养的商品猪按批次实行全进全出。

在农户与龙头企业合作期间，龙头企业向养殖户主提供50kg（平均体重）且全部注射完所有疫苗的保育后期仔猪，养殖户则需在饲养管理期间自行承担水、电设施安装及水、电费用。

养殖户在其饲养的生猪体重达到公司要求的125kg（平均体重）时，经检验合格，公司按商品猪单价为17.8元/kg进行收购。每批次饲养时间约为120d，除去饲料成本和养殖用电用水成本后，正常情况下养殖户每头猪平均纯收益200元左右；年出栏量达150头或300头，养殖户每年纯收入在3万～6万元。养殖户每头商品猪养殖收益见表附1-3。

表附1-3　每头商品猪养殖收益

料肉比	饲料单价（元/kg）	饲料成本（元）	水电及管理平均成本（元）	单头收益（元）
3.3∶1	3.7	3.3×75×3.7＝916	139.2	75×17.8－139.2－916＝279.8
3.4∶1	3.7	3.4×75×3.7＝944	139.2	75×17.8－139.2－944＝251.8
3.5∶1	3.7	3.5×75×3.7＝971	139.2	75×17.8－139.2－971＝224.8
3.6∶1	3.7	3.6×75×3.7＝999	139.2	75×17.8－139.2－999＝196.8
3.7∶1	3.7	3.7×75×3.7＝1 027	139.2	75×17.8－139.2－1 027＝168.8
3.8∶1	3.7	3.8×75×3.7＝1 055	139.2	75×17.8－139.2－1 055＝140.8

注：料肉比是指养殖户饲养期间（体重为50～125kg）的料肉比。

2. 生态效益

养殖户的规模按照以地定畜的原则，依据周边消纳粪污的土地的规模确定。在生猪饲养的过程中产生的粪便经过集中全量收集、厌氧发酵、集中储存和适时施肥等环节施入农田，生猪饲养产生的粪便作为较好的农家肥被农作物消纳吸收，可减少农田化肥的使用量，在提高土壤肥力的同时减少施用化肥的投入，降低种植成本。

附件2：移动式猪舍生产运营模式

经营采取"公司＋农户"模式，以龙头企业为核心，主要由龙头企业和养殖户共同参与生产。

一、运行机制

通过财政资金、担保公司等方式解决猪舍建设投资、养殖户生产用流动资金及猪苗与饲料预付款，以"公司＋养殖户"的模式，建立起"统一圈舍、统一仔猪配送、统一饲料配送、统一技术规程、统一产品回收、统一品牌销售"的"六统一"运行机制。

二、合作方式

第一，养殖龙头企业负责提供统一的猪舍建设图纸，统一安装维护管理猪舍系统，统一提供体重为50kg仔猪，统一提供专用饲料，统一回收体重125kg左右的商品猪。在生产饲养过程中，龙头企业为养殖户提供养殖技术指导，提供统一的养殖技术规程，采取自动喂料、自动喂水、自动清粪的方式，不需要养殖户付出重体力。

第二，龙头企业和政府负责整合财政资金和担保公司资金，用于解决养殖户支付龙头企业安装圈舍保证金（按300元/m²计算）、猪苗保证金（按2 000元/头的猪苗及饲料款预）和生产用流动资金。

第三，养殖户独立生产管理，自行承担盈亏，自行组织人员进行商品猪饲养，并全权负责生产安全、产品质量安全，严格按照企业的防疫保健程序防疫。养殖户所饲养的商品猪、领取的饲料及物资不得对外销售和用于其他用途。

第四，养殖户负责与附近农户协调安装猪舍所需的土地面积及相邻关系，根据周边土地面积合理确定养殖规模。负责处理猪场的排泄物，利用猪沼草、菜、果、粮种植养殖的有效结合，确保猪场排泄物能得到有效使用，图附2-1。

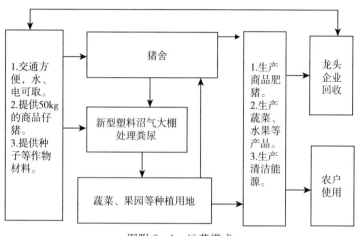

图附2-1　运营模式

附件3：移动式猪舍设计图

特色肉猪家庭农场设计图
（新建）

重庆市畜牧技术推广总站

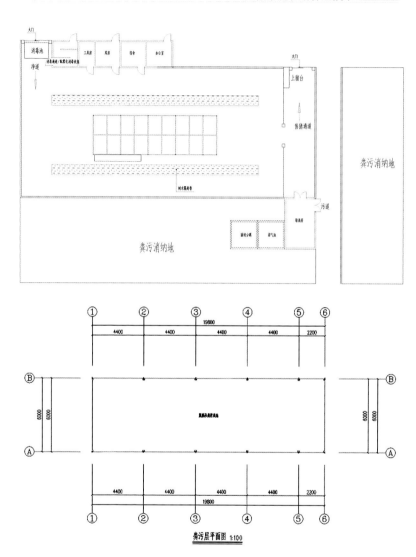

粪污层平面图 1:100

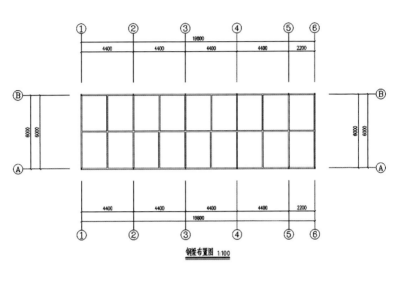

钢梁布置图 1:100

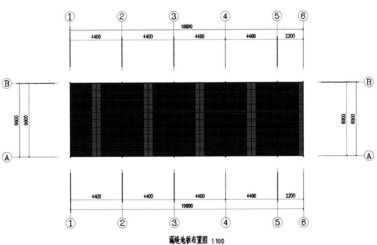

漏缝地板布置图 1:100

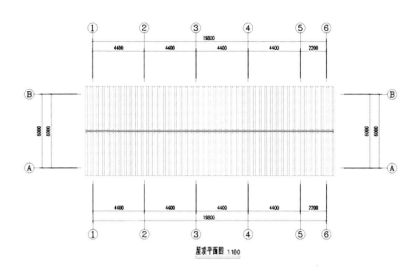

屋顶平面图 1:100

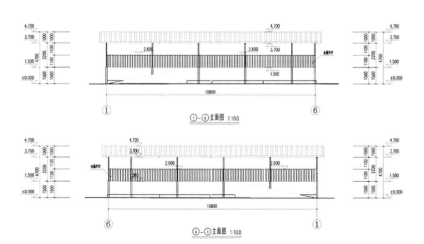

①—⑥立面图 1:100

⑥—①立面图 1:100

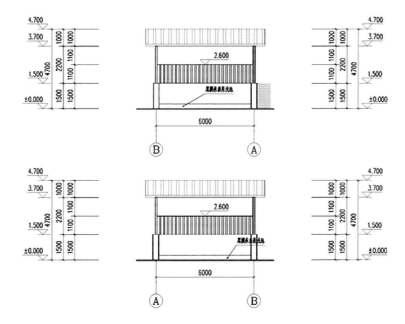

荣昌猪公猪

荣昌猪母猪

合川黑猪公猪

合川黑猪母猪

罗盘山猪公猪

罗盘山猪母猪

渠溪猪公猪

渠溪猪母猪

盆周山地猪公猪

盆周山地猪母猪

重庆市推进巩固脱贫攻坚成果同乡村振兴有效衔接畜禽家庭农场技术手册

特色畜禽家庭农场养殖技术

（2021版）

重庆市畜牧技术推广总站
重庆市蜂产业技术体系创新团队 编

中国农业出版社

北 京

图书在版编目（CIP）数据

特色畜禽家庭农场养殖技术：2021 版/重庆市畜牧
技术推广总站，重庆市蜂产业技术体系创新团队编 . —
北京：中国农业出版社，2021.8
（重庆市推进巩固脱贫攻坚成果同乡村振兴有效衔接
畜禽家庭农场技术手册）
ISBN 978-7-109-28128-8

Ⅰ.①特… Ⅱ.①重… ②重… Ⅲ.①畜禽－饲养管
理－手册 Ⅳ.①S82-62②S83-62

中国版本图书馆 CIP 数据核字（2021）第 066187 号

中国农业出版社出版
地址：北京市朝阳区麦子店街 18 号楼
邮编：100125
策划编辑：全 聪 王陈路
责任编辑：陈 亭 文字编辑：黄璟冰
版式设计：李 文 责任校对：吴丽婷
印刷：北京通州皇家印刷厂
版次：2021 年 8 月第 1 版
印次：2021 年 8 月北京第 1 次印刷
发行：新华书店北京发行所
开本：850mm×1168mm 1/32
总印张：8.75 插页：10
总字数：195 千字
总定价：58.00 元（全 3 册）

重庆市推进巩固脱贫攻坚成果同
乡村振兴有效衔接畜禽家庭农场技术手册

编 委 会

主　　　任：岳发强

副 主 任：贺德华　向品居　康　雷

编委会成员：王永康　李发玉　刘白琴

陈红跃　景开旺　王　震

张　科　谭宏伟　何道领

李晓波

《特色畜禽家庭农场养殖技术》

编写人员

主　　编：贺德华　景开旺　陈红跃

副 主 编：王永康　谭宏伟

编写组成员：张　晶　程　尚　谭千洪

　　　　　　赖　鑫　高　敏　任远志

　　发展多种形式适度规模经营，培育新型农业经营主体，是增加农民收入、提高农业竞争力的有效途径，是建设现代农业的前进方向和必由之路。发展家庭农场是小农户与现代农业有机衔接的重要体现。为指导家庭农场标准化生产，提升经营管理水平，促进家庭农场健康发展，重庆市畜牧技术推广总站分别以生猪、牛羊、特色畜禽（肉兔、中蜂、生态鸡）为重点，组织科技人员编写了《重庆市推进巩固脱贫攻坚成果同乡村振兴有效衔接畜禽家庭农场技术手册》，包括《生猪家庭农场养殖技术》《牛羊家庭农场养殖技术》《特色畜禽家庭农场养殖技术》3个分册。

　　《特色畜禽家庭农场养殖技术》主要介绍以肉兔、中蜂和生态鸡为主的家庭农场养殖技术。肉兔家庭农场养殖技术涉及兔场建设、品种及生产模式、饲养管理、疾病预防、废弃物处理与利用等内容；中蜂家庭农场养殖技术涉及蜂场建设、生产模式、饲养管理、病虫害防控、蜂蜜生产、蜜源栽培等内容；生态鸡家庭农场养殖技术涉及鸡舍建造技术、品种选择技术、饲养管理技术、疾病防控技术、废弃物处理利用技术、产品检验检疫技术等内容。编写期间，重庆市蜂产业技术体系专家团队通过对重庆中蜂生产、良繁体系建设、标准化规模养殖建设等现状进行了深入调研和实地调查，围绕以"体系服务与产业发展"为工作思路，提出了发展中蜂家庭农场养殖技术为破解蜂产业发展短板和技术瓶颈难题以及推动全市蜂产业高质量发展提供了重要生产模式，并将调研精髓编入本书的章节，同时参与本册中蜂家庭农场养殖技术章节的创作。

本书通俗易懂，并附有典型案例，具有实用性和可操作性。对初学者或刚涉及养殖领域的创业者具有较强的技术指导作用。

本书在编写过程中得到重庆市畜牧技术推广总站参编人员及设计人员的支持，同时感谢站外相关工作人员的辛勤劳动。由于时间仓促，错误之处难免，敬请指正。

编者

2021 年 8 月

有关投入品使用的声明

　　随着畜牧兽医科学研究的发展、饲料兽药等投入品使用经验的积累及知识的不断更新，投入品使用方法及用量也必须进行相应的调整。建议读者在阅读本书介绍的投入品使用之前，详细参阅厂家提供的产品说明以确认推荐的方法、用量、禁忌等，并遵守饲料、药物等投入品安全注意事项。执业兽医有责任根据经验和对患病动物的了解程度，决定药物用量和最佳治疗方案，饲养人员有责任按照产品使用说明规范饲喂。本书编者对动物治疗和饲喂过程中所发生的损失或损害，不承担任何责任。

编　者

2021 年 8 月

CONTENTS 目录

前言

第1部分　肉兔家庭农场养殖技术

　　肉兔家庭农场是以家庭为单位，饲养规模在 300 只以上的母兔，达到年出栏 10 000 只以上的商品兔兔场。该模式的家庭农场经济、社会及生态效益较好。

1 兔场建设

1.1 选址与布局

1.1.1 选址

养兔场选址应在交通便利、地势高燥、采光好、水源足，排水好、供电可靠、隔离条件好的区域建立；1km以内无化工厂、矿厂等污染源，最好在畜禽养殖适养区内。300只种兔规模的肉兔家庭农场场址，可利用庭院空地或闲置旧屋，以方便管理，减少开支。鉴于防疫要求，可在一个空闲的宅院里养兔，也可在庭院中选择集中的区域，不要太分散，并设置隔离墙（网）。

1.1.2 布局

规模兔场要分区布局，一般分成生活管理区、生产区、粪污及病死兔处理区。

生活管理区应配套住宿、办公、饲料加工房（或存放室）、兽医诊断室等。

生产区是兔场核心部分，其朝向应面对兔场所在地区的主风向，为了防止生产区的气味影响生活区，生产区应与生活区并排，且处于偏下风的位置。生产区内部应按种兔舍、育成（商品）兔舍的顺序排列，并避免净道和污道交叉。生产区应配套人工授精室和消毒室等。

粪污及病死兔处理区应设在生产区、生活管理区以外的下风向处。

兔场各个区域内的具体布局，应本着有利于生产和防疫，方便工作及管理的原则，合理安排（见附件1-1）。

1.2 兔舍建设

1.2.1 兔舍设计与建造

兔舍屋顶形状分为单坡式、双坡式、联合式、平定式、拱顶式、钟楼式等。肉兔家庭农场因为规模不大，可根据实际情况选择单坡式屋顶或者平顶式屋顶。单坡式屋顶具有跨度小、造价低、结构简单、光照和通风好等优点；平定式屋顶采用水泥钢筋预混材料建造，具有屋顶可蓄水隔热、利于夏季兔舍防暑降温等优点。

兔舍有开放式、半开放式和封闭式结构。重庆地区宜采用密闭式结构，夏季能较好的通风换气，还可安装空调或水帘降温，冬季保温也方便。

兔舍建设规格一般为：长 33.00m，宽 7.50m，高 3.00m，一般需要两栋兔舍，每栋面积约 250m。具体建设规格可根据场址地形规划，以达到土地面积利用最大化（见附件 1-1）。

1.2.2　设备的选择

（1）兔笼。兔笼排列采用较多的是双列式，共设 3 条走道，这种兔舍建设面积利用率高、保温好、管理方便，便于使用机械工具。选用专业厂家生产的质量可靠的热镀锌品型母仔兔笼或其他防锈防腐蚀性能好的材质制作的兔笼，使用寿命应在 10 年以上。以河南舞阳兔笼为例，每组品型母仔兔笼规格为长 1.98m×2.05m×1.50m，含 10 个母兔笼、10 个生长兔笼。每栋兔舍安装 2 列，每列 15 组兔笼，每栋兔舍共安装 30 组兔笼，共 300 个母兔笼、300 个生长兔笼。

（2）喂料及饮水设备。喂料宜采用人工加料或自动喂料，饮水宜采用不易漏水的重垂式饮水器等自动饮水设备。

（3）清粪设备。可采用水冲清粪、刮粪板清粪或传送带清粪等设备和工艺。建议采用水冲清粪方式。水冲清粪方式有自动和手工两种。手工冲洗是人工定时打开水龙头冲洗，可将 V 形粪沟里的粪尿冲洗干净；自动冲洗是在兔舍的一端设一定容积的水箱，用浮球控制存水量，定时放水冲洗粪尿沟。水冲清粪设备简单、效率高、故障少、工作可靠，有利于兔舍的卫生和疫病控制。

（4）环控设备。由湿帘、风机及智能环境控制器等部件组成的环控系统。可以采集温度、湿度、氨气浓度等信息，最好能有手机控制报警功能，随时可以用手机查看数据，自动接收报警信息，自动控制设备启动和关停。

2 品种及生产模式

2.1 选用主要肉兔品种

目前，重庆地区引进的肉兔品种（配套系）主要有：伊拉配套系、伊普吕配套系、伊高乐配套系及单品种的新西兰兔、加利福尼亚兔、比利时兔等，配套系兔的生产性能比单品种兔更优秀。

2.1.1 伊拉配套系生产性能

伊拉兔，又称伊拉配套系肉兔（彩图 1-1-1）。是法国欧洲兔业公司在 20 世纪 70 年代末培育成的杂交配套系，它是由 9 个原始品种经不同杂交组合选育筛选出的 A、B、C、D 4 个系组成，各系独具特点。伊拉配套系兔适应性和抗病力较强，性情温顺，易于饲养，早期生长发育快，具有饲料报酬高、屠宰率高的性能特点，是工厂化、规模化商品肉兔生产的理想品种。在良好的饲养条件下，年繁殖 7～8 胎，胎产仔数 7～9 只，初生体重在 60g 以上，28 日龄断奶体重 700g，70 日龄体重可达 2.5kg，料肉比为（2.7～3.0）：1，屠宰率为 58%～60%。

重庆阿兴记食品股份有限公司是集现代畜牧业养殖、食品加工和销售于一体的民营企业。该公司定期从法国引进祖代和曾祖代伊拉种兔，可提供纯正伊拉配套系种兔。

2.1.2 伊普吕配套系生产性能

伊普吕配套系（彩图 1-1-2）是由法国克里默兄弟育种公司经过 20 多年精心培育而成。该配套系是多品系杂交配套模式，共有 8 个专门化品系。据资料介绍，该兔在法国良好的饲养条件下，平均年产仔 8.7 胎，胎均产仔 9.2 只，成活率 95%，11 周龄体重 3.0～3.1kg，屠宰率 57.5%～60%。根据笔者对多个养兔场的调查，伊普吕配套系在生长速度、繁殖力等方面表现优异。

重庆兔管家科技发展有限公司主要从事种兔生产销售、饲料技术研发、技术推广、兔产品回收及销售。该公司引进伊普吕祖代种兔 600 只，年可提供伊普吕配套系父母代种兔 5 000 只。

2.2 肉兔生产模式

宜采用 49d 繁殖模式。平时保持黑暗状态，母兔产仔后第十二天开始启动光照刺激同期发情程序，产后第十八天对发情母兔实施配种，妊娠母兔 30d 左右又可产仔。

具体程序如下：

2.2.1 母兔繁殖程序

母兔舍 300 个繁殖兔笼，投入 300 只母兔（若同期发情受孕率 75%、实际受孕 225 只母兔）、同一天配种，（采用人工授精）。母兔先集中在 1 栋饲养，第一次配种后 31d 产仔，产仔后 18d 进行第二次配种，怀孕 17d 后种母兔转入第二栋，14d 后第二次产仔，产仔 18d 后进行第三次配种，怀孕 17d 后种兔转入第一栋，此时第一批商品兔已出栏（65～70d 出栏完毕）、活体重达 2.4kg 左右出售。空舍时间为 14d，便于清洁消毒，如此反复循环利用圈舍。

母兔从产仔到再次怀孕，每个周期是 49d（31＋18）。

母兔配种日龄：5 月龄（150 日龄）。

母兔全年产仔窝数：365÷49＝7.45 窝。

母兔受孕率：平均按 75% 计。

母兔窝产仔数：每窝平均按 8.5 只计。

母兔全年产仔数：7.45 窝×75%×8.5 只/窝＝47.49 只。

断奶成活率 95%：47.49×95%＝45.12 只。

育成率 95%：45.12×95%＝42.9 只。

出售日龄：65 日龄，上市个体重 2.4kg。

出栏商品兔为：300 只（每栋舍投入可配母兔）×75%（同期受孕率）×8.5（每窝产活仔）×95%（断奶成活率）×95%

（商品兔育成率）×7.45窝（每只母兔年产）＝12 859只（肉兔1年）。

2.2.2　商品兔生产程序

仔兔出生后18d开始诱食补料。

仔兔出生后35d断奶。

仔兔断奶后分窝，原窝留仔兔4～5只、其余转移到第二层商品兔笼饲养。

65出栏屠宰（体重2.4kg）。

2.3　肉兔人工授精技术

肉兔人工授精是指采用人工方式采集公兔的精液，将精液镜检、稀释及保存，并通过人工方式将精液输送到母兔生殖道内，从而使母兔受精的一种方式。光照刺激是肉兔同期发情的关键，光照刺激程序为，平时保持黑暗状态，实施人工授精前6d增加光照刺激，每天光照16h，每只母兔的光照强度应在80～85lx；输精后4d内继续每天16h光照刺激，第五～七天每天递减3h光照，第八天开始保持全黑暗状态。

2.3.1　人工授精前期准备

2.3.1.1　采精器准备

组装采精器时，用玻璃棒把内胎小头捅入采精器外胎小头，套上胶塞，向外翻转使其固定，拉紧内胎大头，使小头变紧，防止漏水。

在内外胎之间加水，水至边缘约0.5cm，拇指在外胎一侧按紧内胎，另一手捏紧内胎向外翻转使其固定在外胎上，然后调整内胎外形为"一"字形。

把采精器放到54℃恒温箱中加热5h以上；54℃为最佳温度，温度过高烫伤公兔阴茎，过低不能刺激公兔射精（恒温箱温度以实测为准）。

用完的采精器冲洗干净（无任何残留），用一次蒸馏水冲洗两遍后放入恒温箱备用。

2.3.1.2 集精杯准备

把集精杯编号，便于检测精液和评判公兔优劣。

用完后的集精杯先用清水冲洗干净，再用试管刷刷洗，最后用一次蒸馏水冲洗两遍，控干水分后插入试管架，放恒温箱备用。

2.3.1.3 输精枪准备

输精前用精液稀释液冲洗两遍，调整到要输的刻度，一般为 0.4mL。

用完后用清水冲洗干净，主要是清洗掉兔毛，再用一次蒸馏水冲洗两遍即可。定期清洗盛精液的壶，输精枪不灵活时，使用专用润滑油润滑。

2.3.1.4 输精管准备

输精管用完后用清水冲洗干净，特别是管内血液等杂物。然后用酒精浸泡数小时，用一次蒸馏水冲洗两遍，在紫外线灯下消毒备用（切忌在阳光下暴晒，输精管易变形）。

使用之前整理成大头朝上放入袋中，取用方便，取用时手禁止触摸小头，防止污染。

2.3.1.5 显微镜准备

用时接通电源，调成 100 倍观察。

调整时先把载物台贴近物镜，向下微调载物台，调清视野观察。

2.3.1.6 水浴锅准备

在采精前 0.5h 打开电源，水温到 35℃时待用（水浴锅温度以实测为准）。

水浴锅水位与精液稀释液量呈正比，至少没过精液稀释液水位。

2.3.1.7 车载冰箱准备

采精前打开车载冰箱，温度达到 17℃时待用（温度以实测为准）。

夏天时，车载冰箱内放冰块，保持温度恒定。

2.3.1.8　药品准备

常用药品如孕马血清、促黄体素释放激素 A3、精液稀释剂粉剂等，放入冰箱保鲜层。

激素等药品现配现用，低温保存。

2.3.1.9　玻片准备

载玻片用完后，用清水冲洗干净，再用一次蒸馏水冲洗两遍后放入恒温箱烘干备用。

刷洗时用抹布擦洗载玻片，抹掉精液痕迹，使其光洁如新。

2.3.1.10　集精杯准备

用完后的集精杯先用清水冲洗干净，再用试管刷刷洗，蒸馏水冲洗两遍，控干水分后在紫外线灯下消毒后备用。注意：在有人或杯内有精液时不能打开紫外线灯。

用之前用精液稀释液润洗两遍，甩干备用。

2.3.1.11　母兔准备

初产母兔挑选发情好的集中放置，母兔外阴大红时最适宜输精。必须达到配种日龄和体重，体质健壮无疾病方可输精。

经产母兔输精前 50～52h 注射 25IU 孕马血清，输精前 29h 不给仔兔哺乳，输精前 0.5h 给仔兔哺乳，哺乳完后马上输精。

2.3.1.12　人员准备

人工授精相关人员洗手消毒，穿大褂，戴一次性手套，进出实验室必须消毒。

2.3.2　采精

2.3.2.1　采精操作

挑选体质健壮、性欲旺盛的公兔。左手抓诱导母兔的耳朵及颈皮，右手拿假阴道及套在假阴道上的集精杯，伸到母兔腹下。假阴道口端比集精杯处稍低，其倾斜角度与公兔阴茎挺出角度一致。

公兔阴茎进入假阴道后，抽动数秒后向前一挺，后驱蜷缩向一侧倒去，伴随咕的一声，表示射精完成。采精者应立即将假阴道口端抬高，使精液流入集精杯。在公兔向前挺时，假阴道向公兔阴茎方向用力，可以多采精液。

迅速把采精器从母兔腹下取出，竖直采精器，取下集精杯，放入保温箱试管架上。做好记录，待检测和稀释处理。注意，采精时手抓住集精杯，防止脱落；公兔至少每周采精 1 次，保证精液品质和公兔性欲旺盛。

2.3.2.2　精液检测

采精结束后马上将保温箱送至化验室，把集精杯连同试管架放入水浴锅中，不要将水溅入精液中。保持精液与精液稀释液温度一致，减少温差应激。

人工授精室温度控制在 18～25℃。精液应尽快用显微镜镜检，减少应激。

取一干燥清洁载玻片，用胶头滴管取一滴精液涂于载玻片上，（测前挑出精清，保证每个都测），置于 100 倍显微镜下观察，见表 1-2-1。

表 1-2-1　精子分值、活力、稀释倍数对照表

分值	活力（%）	稀释倍数
5	100	10～15
4	80	10
3	60	5

备注：评分低于 3 分的舍弃不用。

2.3.2.3　检测项目

成年公兔 1 次射出精液量为 1mL 左右，直接从有刻度的集精杯上读取，精液量与公兔体型、年龄、品种、营养状况、天气情况（特别以阴雨天和高温影响最大）、采精技术和采精频度等因素有关。

色泽和气味：正常精液为白色或乳白色，浑浊不透明。如红色（含血）、黄色（含尿）、绿色等，均不能用，稀薄如水者不能用。正常精液有公兔特有的气味，其他气味者弃之不用。

2.3.2.4　精液稀释

①配制精液稀释液。取一包精液稀释液粉剂，使其充分溶解于 100 mL 双蒸水中。双蒸水温度为 30～40℃，与配制稀释液相关的器皿必须用一次蒸馏水冲洗后烘干备用，再用双蒸水润洗后方可使用（双蒸水现制现用，放置时间长的，用前必须煮沸，排出水中 CO_2，保持水的 pH）。

②精液稀释优点。可增加精液数量，增加输精母兔只数。

稀释液有营养作用和缓冲保护作用，可延长精子寿命，防止精子污染。

③稀释原则。"三等一缓"，等温（35℃同在水浴锅内）、等渗（0.986％）和等值（pH6.6～7.6）。缓慢将精液稀释液沿集精管壁流入精液中，也可用玻璃棒引流，轻轻摇匀。

④精液保存。稀释好的精液，缓慢降至室温，再进行分装。封口后，在 15～25℃中保存 24～48h。

最好现配现用，为提高受胎率，尽量缩短从采精到输精的时间。

2.3.3　输精

输精前对母兔注射促排 3 号 0.8μg。促 3 号为冻干粉，要用生理盐水稀释。

2.3.3.1　输精手法

辅助者一手抓母兔耳朵及颈皮，把母兔放到输精车上，另一手按住母兔背腰。输精操作者左手拇指与其余 4 指抓住母兔尾根向上提并外翻，母兔后躯悬空，外阴充分暴露。

输精操作者右手持枪，用枪头拨开母兔外阴，沿阴道背部向下进枪，遇到阻力时，输精枪后退，再试探性向前进，调整枪头对经产母兔枪头向下，初配母兔枪头向上，稍用力即可。但有特例，就要以过子宫颈为准，手感靠平时多加练习。深度 10～12cm，过浅，精子不能到达受精部位。

当母兔挣扎，背腰拱起，后肢触及物体，努责时，不可强制输精，以免给母兔造成损伤。

2.3.3.2 严格消毒

输精枪在吸取精液前，用精液稀释液清洗两遍，甩净精液稀释液后再倒入精液，一次只倒 20mL，减少在输精过程中温度及震荡等因素对精液的损伤。输精前排尽枪内空气，一支输精管只用于一只母兔。

2.3.3.3 输精注意事项

输完精后，缓慢拔出输精枪，在母兔后躯轻拍一下。在输精过程中，要减少对精液震荡，发生震荡时精液中的 CO_2 溢出，O_2 溶入，会使精子活动量增加，消耗精子能量，加快精子衰竭死亡。

肉兔人工授精是一项操作技术，最好是在兔场跟师学习，在生产实践中掌握并应用。

3 饲养管理

3.1 种兔的饲养管理

3.1.1 种公兔

3.1.1.1 单笼饲养

一个笼饲养 1 只公兔，笼底网平整、无毛刺、不积水，保证公兔运动时不伤脚。

3.1.1.2 保持中等体况

每只每天饲喂全价颗粒饲料 140～175g，保持不肥不瘦。过瘦适当增量，过肥适当减量。

3.1.1.3 适时初配

根据种兔场推荐的初配时间结合种公兔的实际体重确定初配时间，当种公兔的体重在成年体重的 70％以上可初配。父母代配套系肉兔的公兔初配时间为 6～7 月龄，新西兰兔、加利福尼兔、比利时兔的公兔初配时间为 5～6 月龄。

3.1.1.4 合理利用

初配时，每间隔 1d 使用 1 次采精；3 个月后，每天使用 1～2 次，连续使用 2d 后休息一天。人工辅助配种时，将发情母兔放入公兔笼，交配完成后，轻拍母兔臀部，然后将母兔放回原笼。采用人工授精技术时，每周至少采精 1 次，保持公兔旺盛的产精能力和稳定的精子质量。

3.1.1.5 种公兔更新

生产上，人工辅助配种的公母兔比例为 1：8，人工授精配种的公母比例为 1：40。种公兔使用年限为 1.5～2.0 年，常检查公兔精子质量，及时淘汰生产性能差及病、残种公兔。种公兔对全群生产性能至关重要，必须保持足量强健的核心种公兔群，每年引进 50％左右的种公兔补充。

3.1.2 种母兔

种母兔要单笼饲养，保持不肥不瘦，繁殖力强。

3.1.2.1 适时初配

根据种兔场推荐的初配时间结合母兔的实际体重确定初配时间，当母兔的体重在成年体重的 70% 以上时可初配。父母代配套系肉兔的母兔初配时间为 5.0～5.5 月龄。配种在早晨或晚上喂料 1h 后进行。

3.1.2.2 及时摸胎

配种后 8～10d，空腹摸胎检查，摸胎时动作轻柔，防止流产，未妊娠的做好记录，发情后及时补配。

3.1.2.3 供足营养

随着妊娠日龄增加，逐渐增加全价颗粒饲料喂量，也可任兔自由采食；不轻易捉兔，必须抓兔时宜轻捉轻放。

3.1.2.4 铺窝接产

妊娠 28d 后，产仔箱内铺柔软的垫草或刨花，让母兔扯毛做窝，垫草、刨花需经太阳曝晒消毒且无霉变，分娩时保持周围环境安静。母兔产仔半小时内自动喂奶。饲养员应于当日清点产仔数，去除产箱中被污染的垫草、死亡的仔兔，做好产仔记录。

3.1.2.5 哺乳

产前没拉毛做窝的母兔，需人工辅助拉毛，以刺激母兔泌乳并裸露乳头，以利于仔兔吮吸。每天早、晚喂料后各喂 1 次奶，随时更换被污染垫草，保持产箱清洁卫生。产后 3d 注意预防母兔乳房炎。

3.1.2.6 种母兔更新

种母兔使用年限在 1.5～2.0 年，及时淘汰生产性能差及病残母兔，做好种母兔引进、补充计划，确保批量淘汰时不严重影响正常生产。

3.2 生长兔的饲养管理

3.2.1 仔兔

实行母仔连笼饲养，定时哺乳。12日龄前，每次哺乳后应及时关闭分隔门，防止母兔踩伤仔兔。

3.2.1.1 均窝

每窝选留8只仔兔，多的寄养，弱的淘汰。

3.2.1.2 睡眠期管理

仔兔出生至12日龄称睡眠期，主要是吃奶、睡觉、生长，一周内不拉屎尿，吃的奶几乎全吸收。每次喂奶后，检查仔兔的吃奶情况，吃足奶的仔兔腹部胀臌臌的、皮肤透亮，未吃饱奶的仔兔腹部焉瘪、皮肤有皱纹。对仔兔未吃饱奶的要找原因，及时处理。产仔箱内正常窝温30～32℃。

3.2.1.3 开眼期护理

9～12日龄为开眼期。12日龄后还没开眼的仔兔，可帮助开眼，用温水擦掉眼屎，并滴1～2滴眼药水防感染。

3.2.1.4 补料

18～21日龄开始补料，与母兔吃同样的饲料，逐渐过渡到以饲料为主、母乳为辅。

3.2.1.5 仔兔断奶

30～35日龄，体重在750g以上时断奶。移走母兔，仔兔留在原笼继续饲养。

3.2.2 幼兔

断奶至3月龄的兔称幼兔，又称生长兔。

3.2.2.1 幼兔分笼

断奶7d的幼兔就近分笼饲养，每笼4～5只幼兔，冬天5只，夏天4只。

3.2.2.2 适应期限饲

断奶后3d为适应期，宜限制饲料喂量，每天饲料喂量为体重的 7％左右。即每只兔每天 50g 左右，白天 35％喂量（18g），夜间 65％喂量（32g），可分 2～4 次投喂。限饲有利于幼兔从吃奶顺利过渡到吃饲料，只要幼兔维持断奶体重就可以了，这对保证幼兔的成活率很重要，也不会影响出栏时间。

3.2.2.3　逐渐增加喂料量

第四天每只兔增加饲料 10g，每隔 3d 每只兔增加 10g 饲料，直至每只兔每天饲喂量达到 150g，保持这个饲喂量至出栏，白天喂料量 35％，夜间喂料量 65％。人工加料可分早、晚 2 次投料，自动喂料系统可分 4～5 次投料，少量勤添可防止幼兔一次吃得太多，造成消化不良。

3.2.2.4　适时出栏

60～75 日龄，幼兔体重在 2.25～2.50kg 时出栏。

3.2.2.5　生产安全兔肉

肉兔出栏前 15d，停用一切药物；在整个饲养期，不使用违禁药品；必须用药时，应严格执行休药期规定，确保肉兔药物残留符合国家食品安全要求。

4 疾病预防

4.1 兔场的防病要求

4.1.1 场址选择要符合防病要求

兔场场址的选择的好坏是养兔成败的关键性措施之一。兔场要设在地势高、排污方便、水源水质良好、背风向阳的地方，同时要远离人居住区 500m 以上。圈舍应通风、干燥，温度适宜。按兔饲养类型，一般应设种兔舍、育成舍和育肥舍，各圈舍应设置与门同宽的消毒池。附属建筑应有饲料加工车间、饲料库、病兔隔离舍、兽医室、两个轮流化粪池等，而且饲料加工、饲料贮存设施要与饲喂系统配套。

4.1.2 强调自繁自养

自繁自养是预防疫病传入的一项重要措施。各养兔场必须建立独立的种兔群，做到自繁自养。确需外购时要和兽医专业人员结合，到非疫区或健康的兔场采购，同时做好检疫、隔离、观察工作，以防疫病带入。

4.1.3 疫病处理要果断坚决

兽医人员和兔场负责人员接到饲养人员的病兔、死兔报告后，要立即到现场检查、判断疫情情况，根据疫病种类果断采取封锁等措施。同时对圈舍、用具、场地等，进行全面彻底消毒；病、死兔必须在指定地点剖检和处理，粪便污物必须经过发酵、无害化处理后方可利用；兽医和饲养员的工作用具和医疗用品，必须彻底消毒后才能再用。

4.1.4 贯彻执行"预防为主"的方针

兔场要制订切实可行的防疫制度，定期检查防疫措施落实情况，发现问题，及时纠正，严防疫病发生和流行。要按兔的免疫程序进行预防注射疫苗，并根据疫情流行情况调整免疫项目和次数。搞好兔场环境卫生，减少病原微生物的生存和传播，兔舍、兔笼应每天清扫干净，不要随时用水冲洗地面和兔笼，而应保持清洁、干燥，用具（料槽、饮水器、饮水管等）应经常清洗。

兔场要建立严格的消毒制度。兔场应预留空兔舍和兔笼，便于转群，轮换消毒使用。消毒时要合理地选择消毒剂和消毒方法。一种消毒剂最多使用3个月就要更换使用另一种消毒剂，以免细菌产生耐药性。兔舍、兔笼、用具应每月进行一次大清扫、消毒，每周进行一次重点消毒。兔舍消毒应先彻底清扫、冲洗，晾干后再用药物消毒。兔转栏或出栏后，必须对其圈舍彻底清洗和消毒。饲养员要认真落实饲养管理制度，精心进行饲养管理。

4.2　治疗兔病的用药原则

4.2.1　对症用药，对因用药

家兔发病时，应及时作出诊断，搞清楚致病原因。如一时不清楚发病原因，首先要对症用药，缓解症状。如发热（高热）时，应使用退热药，严重腹泻时应补液，防止脱水。对症治疗的同时，应尽快查明病因，实施对因治疗。如营养物质缺乏时应尽快补充，中毒时应切断毒物来源，使用解毒药，微生物感染时，应使用经济有效的抗菌药。

4.2.2　选择适宜的用药方法

根据用药目的、病情缓急和药物的性质，确定最佳给药途径。如预防用的药，应采取拌料、加入饮水的方式，可省力，同时减少应激反应。如治疗用的药，应内服或注射，病情急时应静脉注射。同时，应根据发病部位选择最佳给药途径，如球虫病或腹泻应选择消化道用药，混饲或混饮。

4.2.3　注意用药剂量、时间、次数和疗程

用药剂量必须准确，剂量过小不能起治疗作用，剂量过大，易中毒。根据药物的半衰期，确定投药时间和次数，使机体维持较高的血药浓度。疗程内用药要充足，特别是抗生素类药物，应

连续使用 3～5d，或采用脉冲式用药，用一个疗程后，停药 2d，再用一个疗程，以防该病复发。

4.2.4 合理联合用药，注意配伍禁忌

对于混合感染或其他多种原因引起的疾病，应联合用药，对症治疗，对因治疗。发热病兔对维生素需要量增多，因此对微生物引起的发热要同时使用解热药、抗菌药，补充维生素、电解质。联合用用药应注意配伍禁忌，以免产生毒副作用或降低药物疗效。

4.2.5 正确使用有效期内的药物

购买药品应选信誉良好、质量可靠、有正规批号的厂家生产的药品，使用时遵照使用说明或在兽医的指导下用药，注意药品的包装及药物的理化性状，如有异常应废弃。

4.3 兔场常见的消毒方法

所谓消毒，就是清除病源。消毒方法总体上分为三大类：物理消毒法、化学消毒法和生物热消毒法。

4.3.1 常用的物理消毒法

清扫、冲刷、擦洗、通风换气。此类为机械性的消毒法，是最常用、最基础的消毒法，简单易行。机械性消毒并不能杀灭病原体，但可大大减少环境中的病原体，有利于提高消毒效果，并为家兔创造一个清洁、舒适的环境。

阳光曝晒。阳光曝晒有加热、干燥和紫外线杀菌 3 个方面的作用，有一定杀菌能力。在日光下暴晒 2～3h 可杀死某些病原体，此法适用于产箱、垫草和饲草、饲料等的消毒。

紫外线灯照射。紫外线灯发出的紫外线可杀灭一些微生物，主要用于更衣室、生产区入舍通道等设施的消毒，一般照射时间不少于 30min。

煮沸。煮沸 30min，可杀灭一般微生物。适用于注射器、针头及部分金属、玻璃等小器械用具的消毒。

火焰消毒。这是一种最彻底又简便的消毒法，用喷灯（以汽油或液化气或酒精为燃料）火焰直接喷烧笼位、笼底板或产箱，可杀灭细菌、病毒和寄生虫。

4.3.2 生物热消毒法

利用土壤和自然界中的嗜热菌，对兔粪尿及兔舍垃圾（饲草、饲料残渣废物）的堆肥发酵，通过发酵产生大量的生物热来杀灭多种非芽孢菌和球虫等寄生虫的消毒法。

4.3.3 化学药物消毒

利用一些对人、畜安全无害，对病原微生物、寄生虫有杀灭或抑制作用的化学药物消毒的方法。此法在家兔生产中被广泛使用，不可缺少。

4.4 兔场环境消毒常用的消毒药

理想的消毒药应对人、兔无毒性或毒性较小，而对病源微生物有强大的杀灭作用，且不损伤笼具物品，易溶于水，价廉易得。

4.4.1 菌毒敌（复合酚）

是一种广谱、高效、低毒、无腐蚀性的消毒药，可杀灭细菌、真菌和病毒，对多种寄生虫卵也有杀灭作用。预防性喷雾消毒用水稀释 300 倍，疫病发生时喷雾消毒用水稀释 100~200 倍，水的温度不宜低于 8℃。一次消毒可维持 7d。禁与碱性药物或其他消毒药混用，严禁用喷洒过农药的喷雾器喷洒该药。主要适用于笼舍及附属设施和用具的消毒。

4.4.2 百毒杀

是高效、广谱的杀菌剂。市售产品为 0.02％的水溶液。主要用于兔笼舍、用具和环境的消毒。使用时请详读说明书。

4.4.3 生石灰（氧化钙）

一般用 10％~20％的石灰乳，用作墙壁、地板或排泄物的消毒。要求现配现用。

4.4.4 烧碱（氢氧化钠）

对细菌、病毒，甚至对寄生虫卵均有强力的杀灭作用。一般用于兔笼舍和笼底板、木制产仔箱等设备的消毒，宜用 2％～4％的浓度；对墙、地面及耐碱能力强的笼具、运输器具，可用 10％浓度。采用烧碱水消毒，事先应清除积存的污物，消毒后必须用清水冲掉碱水，否则易给兔造成伤害。

4.4.5 草木灰水浸液

草木灰内含有氢氧化钾、碳酸钾，在一定条件下可替代烧碱的消毒作用。具体配制方法是，在 50kg 热水中加入 15kg 草燃烧的新鲜灰烬，过滤后，喷洒墙、地面或浸泡笼具。是农村可自制的廉价消毒剂，须现配现用。

4.4.6 漂白粉（含氯石灰）

灰白色粉末，有氯臭味，微溶于水。杀菌作用快而强，并有一定除臭作用。常用 5％混悬液作兔舍地面、粪尿沟及排泄物的消毒。不能用作金属笼具的消毒。

4.4.7 来苏尔（煤酚皂）溶液

是含 50％煤酚的红棕色液体，除具杀灭病原菌作用外，对真菌亦有一定的抑制效果。一般用 2％～3％的浓度作笼舍、场地和器械的消毒，也可用作工作人员的手部消毒。

4.4.8 福尔马林（甲醛）

主要用于家兔笼舍的熏蒸消毒。按 20mL/m³ 甲醛加等量的水混合后，加热，密闭门窗熏蒸 10h。熏蒸时应转移兔子和饲料、饲草。用 5％～10％的甲醛溶液，亦可作粪尿沟等环境消毒。

4.4.9 过氧乙酸

过氧乙酸是一种高效杀菌剂。市售品为 20％浓度的无色透明液体。以 0.5％浓度喷洒，宜对笼舍、运兔车辆和笼具消毒。用作加热熏蒸消毒时，宜用 3％～5％的溶液。过氧乙酸不稳定，有效期为半年，宜现配现用。

4.4.10 碘伏

碘制剂也是养殖场的常用消毒药，消毒效果十分好。

4.5 影响消毒效果的因素

4.5.1 消毒剂使用的时间

一般情况下，消毒剂的效力同消毒作用时间成正比，与病原微生物接触并作用的时间越长，其消毒效果就越好。作用时间如果太短，往往达不到消毒的目的。

4.5.2 消毒剂的浓度

一般来说，消毒剂的浓度越高，杀菌力也就越强，但随着消毒剂浓度的增高，对活组织（畜禽体）的毒性也相应地增大。另一方面，当超过一定浓度时有的消毒剂，消毒作用反而减弱，如70％～75％的酒精杀菌效果要比95％的酒精好。因此，使用消毒剂时要按照使用说明书配成有效的消毒浓度。

4.5.3 消毒剂的温度

消毒剂的杀菌效力与温度成正比，温度增高，杀菌效力增强，因而夏季消毒作用比冬季要强。

4.5.4 环境中有机物的存在

当环境中存在大量的有机物如畜禽粪、尿、污血、炎性渗出物等，能阻碍消毒药与病原微生物直接接触，从而影响消毒剂效力的发挥。另一方面，由于这些有机物往往能中和并吸附部分药物，也使消毒作用减弱。因此，在进行环境消毒时，应先清扫污物、冲洗地面和用具，晾干后再消毒。

4.5.5 微生物的敏感性

不同的病原微生物，对消毒剂的敏感性有很大的差异，例如病毒对碱和甲醛很敏感，对酚类的抵抗力很低。大多数消毒剂对细菌有杀灭作用，但对细菌的芽孢和病毒作用很小，因此在消毒时，应考虑致病微生物的种类，选用对病原体敏感的消毒剂。

4.6 兔场消毒程序

4.6.1 场区内卫生要求

场区内应无杂草、无垃圾，不准堆放杂物，生活区的各个区域要求整洁卫生。

4.6.2 兔舍的清洗和消毒

兔舍消毒必须按程序进行，清扫—水冲—喷洒消毒药液—熏蒸。先彻底清扫兔舍地面、窗台、屋顶以及每一个角落，要求无兔毛、兔粪和灰尘。然后用高压水枪由上到下，由内向外冲洗。待兔舍干燥后，再用消毒剂从上到下将整个兔舍喷雾消毒 1 次。撤出的设备，如饮水器、料槽等用消毒液浸泡 30min，然后用清水冲洗，置阳光下曝晒 2~3d，再搬入兔舍。进兔前 1 周，封闭门窗，用高锰酸钾和福尔马林（高锰酸钾 21g/m³，福尔马林 42mL/m³）密闭熏蒸 24h（舍内温度 22~26℃，湿度 75%~80%时消毒效果最佳），通风 3d。此后人员进兔舍，必须换工作服、工作鞋，脚踏消毒池。

4.6.3 物流管理消毒

物品及工具应清洗和消毒，防止在产品流通环节中交叉感染。携带入舍的器具和设备都是潜在的病原，所有物品在入舍前都必须彻底消毒。场内公用笼箱、饲料车、运兔工具，若受污染就会波及全场，所以场内应设各类专用车，舍内各种工具专用固定，严禁串用。进兔舍的用具必须消毒后方可入舍。

4.6.4 重要地点消毒

场区入口及兔舍进出口要设消毒池，放入 0.2% 的新洁尔灭，每 3d 更换一次。

4.6.5 饮水管的消毒

空舍内，进兔前两天，在饮水管中加入饮水消毒液放置 1d，然后放掉消毒液，再放清水冲洗 5min，方可为兔供水。

4.6.6　兔场废弃物及污物消毒

粪便、污水、尸体、其他废弃物是病原体的主要集存地。粪便应及时运到指定地点堆积发酵处理或制成有机肥，污水进入沼气池或化粪池处理，病死兔尸体焚烧、深埋或微生物分解处理，所有的废弃物必须进行无害化处理。

4.7　兔场免疫程序

兔场疾病防治的基本原则是以防为主，防重于治，接种疫苗是家兔疾病防控的主要手段，建立科学的免疫程序在兔病防治中占有非常重要的地位，是保证养兔成功的关键因素。兔病种类繁多，相对应的疫苗种类也较多，如何正确选择和合理使用疫苗则是兔群疾病防控能否成功的关键因素。兔场饲养的家兔品种不同，免疫程序也有所不同，商品肉兔与种种兔建议免疫程序见表1-4-1、表1-4-2。

表1-4-1　商品肉兔的免疫程序

日龄	疫苗	方法及剂量
35～40	兔病毒性出血症灭活疫苗/兔病毒性出血症、多杀性巴氏杆菌病二联灭活疫苗	颈部皮下注射，1mL/只

表1-4-2　种兔的免疫程序

日龄	疫苗	方法及剂量
35～40	兔病毒性出血症、多杀性巴氏杆菌病二联灭活疫苗	颈部皮下注射，1mL/只
60～65	兔病毒性出血症、多杀性巴氏杆菌病二联灭活疫苗	颈部皮下注射，2mL/只
间隔4个月	兔病毒性出血症、多杀性巴氏杆菌病二联灭活疫苗	颈部皮下注射，2mL/只

注：如发生过魏氏梭菌病的兔场，应增加魏氏梭菌免疫。

5 废弃物处理与利用

5.1 废弃物处理的原则

5.1.1 减量化原则

根据场内废弃物产生的来源，通过饲养工艺及相关的技术、设备的改进和完善，减少场内废弃物的产生总量。

5.1.2 资源化原则

结合实际情况，选择适当的处理工艺及模式，实现对废弃物丰富的氮、磷等养分的资源化利用。

5.1.3 无害化原则

废弃物中含有各种微生物，其中包含部分病原微生物，在处理废弃物时必须进行无害化处理。

5.2 废弃物的主要处理方法

通常废弃物处理的主要方法包括干燥处理法、生物发酵法以及焚烧法等方法。

5.2.1 干燥处理法

主要是利用能量进行加热废弃物，从而减少粪便中的水分，达到除臭和灭菌的效果。

5.2.2 生物发酵法

是通过微生物利用粪便中的营养物质在适宜的温度、湿度、通气量和pH等环境条件下大量生长繁殖，降解粪便中的有机物，实现脱水、灭菌的目的。

5.2.3 焚烧法

主要是利用粪便有机物含量高的特点，借用垃圾焚烧技术，将其燃烧为灰渣。

5.3 废弃物的利用

5.3.1 固体粪便

5.3.1.1 兔粪产生量测算

根据家庭兔场规划设计，饲养种母兔 300 只，公兔 20 只，年出栏商品肉兔 1.6 万只。1 只成年兔大约可产兔粪 60kg/年，种兔共计 320 只，年产兔粪为 19.2t。出栏商品兔 1.6 万只，按 75 日龄出栏计算，每只商品兔可产兔粪 7kg，商品兔共计产兔粪 112t。因此一个家庭兔场年产兔粪 131.2t 左右。

5.3.1.2 处理及利用

兔粪采用水冲式清粪，兔舍外进行干湿分离，干粪堆积发酵处理后还田利用。堆肥房应有防雨设施，防渗、防漏。

5.3.2 垫料

及时清出产箱中被污染的垫料，装垃圾袋交环卫站集中处理或焚烧处理。

5.3.3 污液

尿及冲洗的污水通过管道进入小型沼气池或化粪池发酵处理，再用抽排机输送到种植区还田利用。

附件 1–1 肉兔家庭农场（新建）设计图 1 套

肉兔家庭农场设计图
（新建）

重庆市家兔健康养殖工程技术研究中心
重庆市畜牧技术推广总站

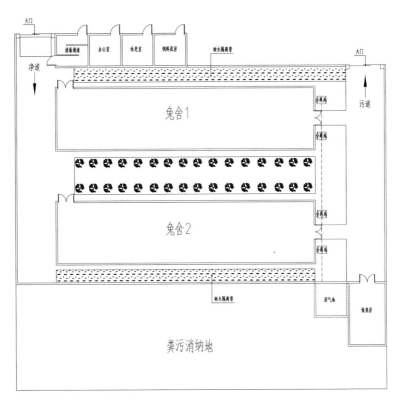

肉兔家庭农场平面布局示意图

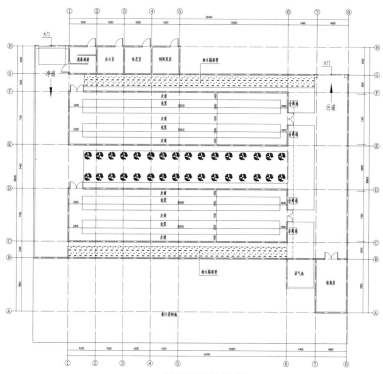

肉兔家庭农场兔舍兔笼布局图

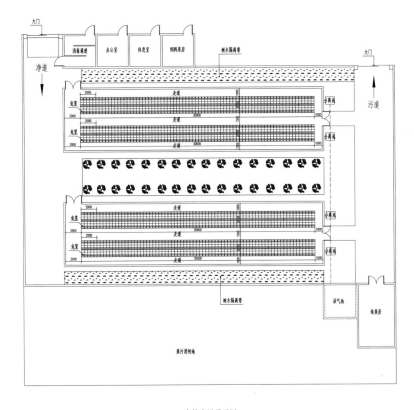

兔笼布置平面图

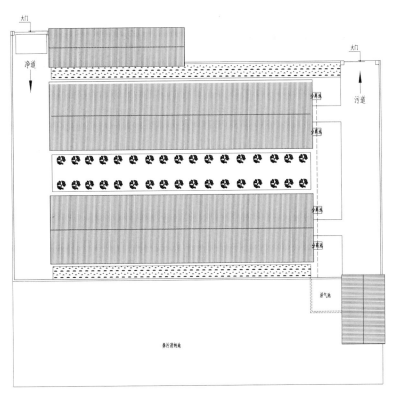

肉兔家庭农场兔舍及附属设施屋顶平面图

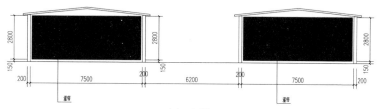

兔舍正立面图

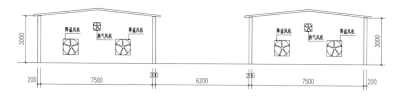

兔舍背立面图

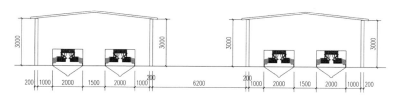

兔舍剖面图

附件 1－2 肉兔家庭农场（改建）设计图 1 套

肉兔家庭农场设计图
（改建）

重庆市家兔健康养殖工程技术研究中心
重庆市畜牧技术推广总站

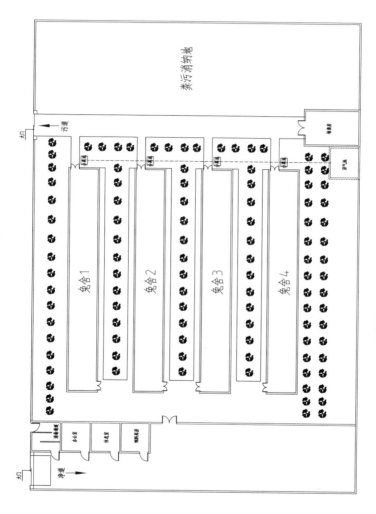

肉兔家庭农场（改建）平面布局示意图

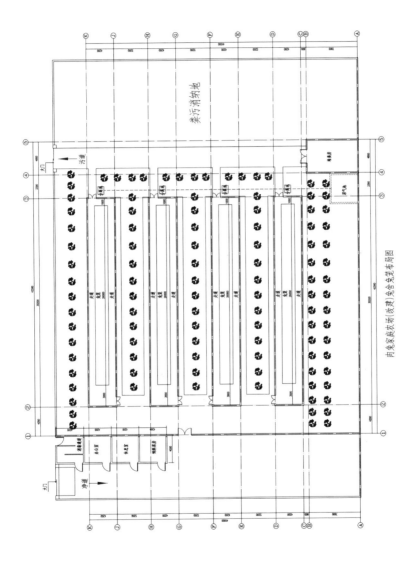

肉兔家庭农场（改建）兔舍总平面布局图

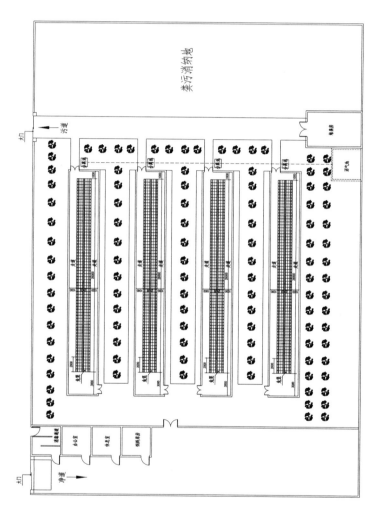

兔笼布置平面图

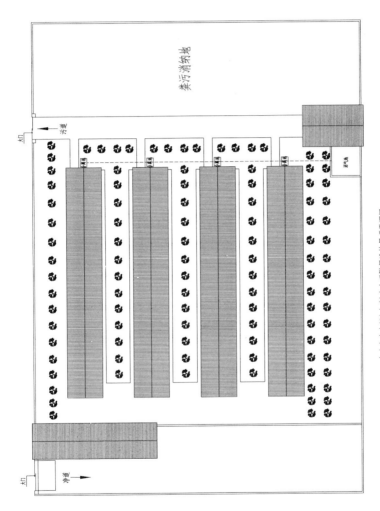

肉兔家庭农场（改建）兔舍及附属设施屋顶造平面图

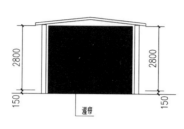

兔舍正立面图

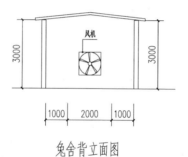

兔舍背立面图

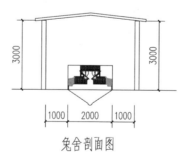

兔舍剖面图

附件 1-3　300 只母兔肉兔家庭农场成本分析

1. 300 只基础种兔场投资预算分析

以 300 只母兔为例，正常繁殖，需配热镀锌品型兔笼 60 组，1 200 个笼位，公兔笼 20 个，需建开放式或半开放式兔舍两栋共 500m²。无偿投入劳动力 1～2 人。投资概算如下：①种兔：种兔繁殖快，实行自繁自养，可节省种兔投资。饲养 300 只母兔（配公兔 20 只），1 个劳动力可饲养，每只体重 2.0kg，120 元/只计算，共 3.84 万元。②彩钢结构兔舍 500m²，造价 140 元/m²，共 7.00 万元。③兔笼：热镀锌兔笼 61 组，每组 2 000 元，共 12.20 万元。④水电、工具、防疫和消毒药品共 1.00 万元。⑤饲料周转金 6.00 万元。⑥牧草种苗费 0.20 万元。⑦不可预测的开支（以上 1～6 项的总和×15%）共 4.54 万元。以上 1～7 项合计 34.78 万元，投资概算 35.00 万元。

2. 饲养 300 只基础种兔养殖效益分析

2.1　年投入

1 只种兔繁殖利用期限 2 年，种兔成本每只每年 60 元（扣除种兔淘汰残值）。一只母兔年耗颗粒饲料 73kg，3.0 元/kg，共计 219 元。一只仔兔从断奶到出栏需饲料 6.0kg，按每只母兔每年出栏商品兔 40 只计，商品兔共耗饲料 240kg，3.0 元/kg，共计 720 元。防疫费每只种兔年需 1 元，商品兔每只需 0.5 元，共计 21 元。每只种兔年需笼具费 28 元，劳务费按每人饲养种兔 300 只，每月工资 2 500 元，每年 3 万元，每只种兔年需劳务费 100 元。

总计：300×（种兔 60 元＋种兔饲料 219 元＋商品兔饲料 720 元＋防疫费 21 元＋笼具费 28 元＋劳务费 100 元）＝300×1 148 元＝344 400 元。

2.2　年收入

每只母兔按年出栏 40 只商品兔计算，商品兔每只 2.5kg，18 元/kg，计 1 800 元；年产兔粪 0.6t，按 60 元/t 计算，收入 36 元。每只母兔一年可收入 1 836 元。300 只母兔年总计收入 550 800 元。

年利润：300×（1 836 元−1 148 元）＝206 400 元。

附件1-4 活兔销售方式建议

1. 线下销售

肉兔家庭农场养殖出栏商品肉兔，一是可与专业从事肉兔收购的人员联系收购；二是可联系肉兔龙头企业进行收购；三是直接附近餐馆、酒店、农家乐联系收购；四是与兔肉加工厂联系收购。

2. 网上销售方法

可以从以下几点考虑兔产品的网络销售。

2.1 朋友圈

兔产品一般存在季节性、时间性、区域性等限制，需求的兔产品不同，多数人比较偏爱在线寻找相应的物品等；这类的人群一般对网购不是特别的敏感，可以通过一些熟人圈、相应的朋友圈等渠道在线推荐。

2.2 网上店铺

对于一些网络操作比较好的业主，建议在兔产品网站上开通个人店铺或是企业店铺，直接把兔产品上线推广给全国各地需要的人群，需要注意的则是售前、售中、售后服务三个环节。

2.3 批发、分销

可以适当开通批发、分销入口；让更多的人员参与销售，把兔产品推荐给更多的潜在人群，带动更多的销售成交量。

2.4 售后服务

把兔产品销售出去后，需要提前考虑到退货、换货、再次购买服务。兔产品服务类型很多，如保存期、安全运输方式、退换货等问题的处理要提前做好相应的准备与处理方式。总之，网络只是一个销售渠道，不是把产品放上去就会有订单，还需要针对不同的平台做相应的优化调整、在线沟通、细节产品搭配等。建议依照各个不同的平台在线设置不同的推广模式，同时了解网络动态发展方向。

附件1-5 肉兔家庭农场典型案例

渝北区统景长堰村肉兔健康养殖示范场

重庆市渝北区统景长堰村肉兔健康养殖示范场于2019年规划设计，目前已初步建设完成，该示范场建成后可存栏基础母兔1 500只，年出栏商品兔7.5万只。

1. 技术要点

建成全封闭式兔舍4栋，面积1 925m²，配套参观通道、看护管理房、兔人工授精室、蓄水池、兔粪堆积房及化粪池等设施。

引进安装锌铝合金母仔繁育一体兔笼192组，笼位4 512个，配套全自动环控系统、传送带清粪系统、兔舍消毒喷雾系统、照明系统、臭气处理系统、全场网络监控系统等，其中自动喂料系统1栋。

实现全自动传送带粪污，干湿分离，雨污分流，尿液进入化粪池发酵后管道还田，兔粪送集中处理中心生产有机肥，实现规模化养兔零污染、零排放。

配套兔业科普文化宣传设施。

2. 兔场效果图

兔场效果图见彩图1-2-1至彩图1-2-9。

3. 兔场CAD图纸

兔场CAD图纸见彩图1-3-1至彩图1-3-8。

第2部分 中华蜜蜂家庭农场养殖技术

  开展适度规模的中华蜜蜂（简称中蜂）家庭农场养殖，可以产生良好的经济效益、社会效益和生态效益。养好中蜂需要掌握蜂场建设、生产模式、饲养管理、病虫害防控、蜂蜜生产等基本准则和技术规范，以及合适的营销手段。此项技术适用于重庆市保有中蜂50群及以上规模的养蜂农户。

1 蜂场建设

1.1 选址

第一，蜂场场址应选择地势高燥、背风向阳、排水良好、环境幽静、小气候适宜、交通便利、水电供应稳定的场所。

第二，蜂场附近3km范围内应具备丰富的蜜粉源植物。一年内至少有两种以上主要蜜源植物和多种花期相互交错的辅助蜜粉源植物。5km内无有毒蜜粉源植物。

第三，蜂场附近3km范围内无蜂蜜加工厂、以蜜糖为生产原料的食品厂、化工厂、农药厂及经常喷洒农药的菜地和果园。

第四，蜂场附近要有便于蜜蜂采集的良好水源，但要远离大面积的水库或湖泊。

第五，避免在环境污染严重、其他畜禽养殖区附近及山谷洼地等易受洪涝威胁的地段建场。

1.2 布局

第一，按生产区、办公生活区两个功能区分区布置，生产区和办公生活区之间应有专门的道路相连。

第二，生产区包括饲养场、蜂机具和饲料存放室等。

第三，蜂箱的排列应根据地形适当地分散排列，各蜂群的巢门方向应错开；蜂箱摆放应保持左右平衡，后部稍高于前部约2～3cm；蜂箱应用支架或物件承托，离地面20～50cm。

第四，为便于蜜蜂采水，蜂群附近应设有饲喂水槽。

第五，中蜂和西方蜜蜂（简称西方蜜蜂）不能同时摆放在同一场地饲养。

1.3 设施设备

第一，设置标识警示牌，避免行人被蜜蜂蜇刺。（遮阳棚可有可无）。

第二，蜂箱选用符合当地饲养习惯、全场统一规格的中蜂活框蜂箱，并配备相应数量的交尾箱。蜂箱上应有编号，蜂箱外观可喷涂成黄色、蓝色和白色。

第三，蜂箱、隔王板、饲喂器、王台条、移虫针等器械应选用无毒、无味材料制成，巢础应选用纯净蜂蜡巢础。

第四，分蜜机应选用食品级不锈钢或全塑无污染分蜜机。割蜜刀应选用食品级不锈钢割蜜刀。蜂产品储存器应无毒、无污染、无异味。

2 生产模式

2.1 选用主要蜂种

引进本地及周边区域优良中蜂蜂种，不宜从不同生态区引种。

2.2 中蜂生产模式

采用二次摇蜜技术，开展蜂蜜生产。当蜂群中的蜜脾绝大部分封盖时，提出来先用摇蜜机摇一摇，将蜜脾中尚未酿熟、浓度较低的蜂蜜摇出，然后割开蜜盖，摇出其中的封盖成熟蜜。通过二次摇蜜，可以避免不成熟的蜂蜜和刚进的水蜜混入成品蜜中。一般，二次摇蜜需要同时准备两台摇蜜机，一台摇未封盖蜜，一台摇成熟蜜。

3 饲养管理

3.1 早春繁殖管理技术

3.1.1 箱外观察

初春温度较低时，以箱外观察为主，主要观察蜂群的飞行、巢门上工蜂爬行等情况。发现上述异常现象，应开箱检查，针对问题，及时补救。

3.1.2 快速检查

在气温高于13℃以上的晴天中午，应快速检查蜂群中群势强弱、饲料储存、蜂王活动、箱内环境、病虫害等情况，检查时，动作要快，根据检查结果，在蜂箱上做好记号，再针对情况，予以急救。

3.1.3 清理箱底

主要通过收拾蜂尸、残蜡、霉变物、除湿等，保持箱体清洁，让蜂群在清洁的环境中进入繁殖期。

3.1.4 保温措施

（1）早春日夜温差大，常有寒潮袭击。必须注意蜂群保温，早春繁殖时期，要做好箱内、外保温。

（2）强势蜂群可采用双群同箱繁殖。

（3）早春，加强蜂巢分区，把子脾限制在蜂巢中心处，边脾供幼蜂栖息和储存饲料。

（4）早春场地应选择在地势高燥、向阳的地方；在气温较高的晴天，应晒箱或翻晒保温物。

（5）根据气温的高低，调整蜂路和巢门；夜间，巢门应关闭。

（6）糊严箱缝，防止冷空气侵入。

（7）随着蜂群壮大，气温逐渐升高，应慎重地逐渐撤除包装和保温物。

3.1.5 奖励饲喂

当蜂王开始产卵时，尽管外界有一定蜜、粉源植物开花流蜜，仍应每天用稀糖浆在傍晚喂蜂，刺激蜂王产卵。糖浆中可加入少量食盐，适量的添加中草药，预防幼虫病发生。

3.1.6 扩大蜂巢

适时扩大蜂巢，加速蜂群群势增长。

3.1.7 强弱互补

早春气温低，弱群因保温和哺育能力差，产卵圈的扩大很有限，宜将弱群的卵、幼虫脾抽给强群哺育，再给弱群补入空脾，供蜂王继续产卵。这样，既能发挥弱群蜂王的产卵力，也能充分利用强群的保温能力。待强群幼蜂羽化出房，群内蜜蜂密集时，可抽老封盖子脾或幼蜂多的脾，补入弱群，使弱群转弱为强。

3.1.8 喂水

早春，箱内湿度偏低，往往会出现幼虫脱水现象，使幼虫发育不良。应视箱内湿度情况，适当喷入部分稀盐水，既可调节湿度，也可供工蜂饮用。

3.2 夏季管理技术

3.2.1 越夏前的准备工作

夏季来临前，应利用春季蜜源，培育新王、换王，留足充足的饲料，并保持一定的群势（3～5 框）。群势越强，消耗越大，不利越夏。

3.2.2 越夏期的管理要点

（1）要定期全面检查蜂群，毁尽自然王台，防止自然分蜂。

（2）保证群内有充足的饲料，在炎夏烈日，应特别注意把场地选在树荫之下，注意遮阳（洒水）、喂水等措施，为蜂群生产和繁殖创造适宜温、湿度条件。

（3）夏季应注意预防蜜蜂的敌害（胡蜂、蟾蜍、蚂蚁）等。同时，应避免蜂群采食施用农药的农作物。

（4）应加强蜂群通风，去掉覆布，打开气窗，放大巢门，扩大蜂路，做到脾多于蜂。

（5）管理上应注意少开箱检查，预防盗蜂的发生。

3.3 秋季管理技术

3.3.1 人工育王或换王

每年3—4月或7月下旬至8月上旬，应赶在蜜源较丰富的季节有计划地培育一定数量的优质蜂王，供组织新蜂群，或更替衰老、伤、残蜂王之用。

3.3.2 培育越冬蜂群

适时进行蜂群繁殖，培育一批适龄越冬蜂，进入越冬期。

3.3.3 补足越冬饲料

此时应留足越冬饲料，供蜜蜂越冬消耗；越冬蜂群的蜂箱中不应含有甘露蜜、劣质蜂蜜或糖浆等。

3.4 越冬管理技术

室外越冬场所应清洁卫生、干燥、安静。越冬室内应清洁卫生，保持温度在4℃左右，保持适应湿度。越冬保温材料应无毒、无污染。越冬后期应注意补充饲料和预防蜂群下痢。

3.4.1 越冬前期准备

（1）调整蜂群。应对全部蜂群进行一次全面检查，根据检查情况，进行蜂群调整。如果是继箱饲养，抽出多余的空脾，撤除继箱，只保留巢箱。如果蜂群太弱，可在巢箱中央加上死隔板，分隔两室，每一室放一弱群称为双王同箱饲养，两个弱群可以相互保温。强群也应蜂多于脾。

（2）囚王断子。由于重庆市很多中蜂主要饲养区冬季白天平均气温在7℃以上（寒潮例外），外界也有零星蜜源。因此，蜂王仍会产少量的卵，可用囚王笼将蜂王囚住，让其彻底断子，但注意囚王的时间不宜过长。

（3）换脾消毒，紧缩蜂巢。对囚王断子的巢脾，提出后应用硫黄烟熏，待清水冲洗晾干之后，再放入群里，然后紧缩蜂巢，让蜂多于脾，易于越冬。抽出的巢脾，按上述方法消毒后，密封保存，防止巢虫破坏。

（4）喂足饲料。越冬期间，不能将蜜全部取完。最后一次取蜜应以抽取为主，如天气不好，最好不取蜜，留足越冬所需饲料。如箱内存蜜太少，还应一次性喂足蜂群。

3.4.2 越冬保温工作

根据各地气温情况，选择合适的保温方法，海拔较高的地区采用箱内保温和箱外保温结合的方法，海拔较低的地区，只采用箱外保温，或不保温。可用稻草包装蜂箱周围，上面用塑料薄膜盖好。箱内用稻草塞满空处。箱前可用草帘遮住，缩小巢门，避免阳光刺激后蜜蜂飞出箱外被冻死，下雪天更应注意这一点。

4 病虫害防控

4.1 蜂场管理卫生要求

第一，保持蜂场和蜂群内的清洁卫生，蜂尸、杂物要经常清扫。在传染病发病期间，更应勤扫，并将清扫出来得杂物深埋或焚烧。养蜂员要注意个人卫生，衣服要勤洗勤换，打开蜂箱前后要用肥皂洗手，特别是接触过病蜂群之后，要用肥皂洗手，并替换消过毒的蜂具。

第二，蜂箱、蜂具要按规定进行消毒，发霉变质的巢脾要淘汰。不用情况不明或带有病原体的饲料喂蜂，急需补饲的可用白糖代替。

第三，蜂场库房内要保持清洁，蜂产品与蜂具在库房内要分类存放，注意消灭鼠类。

第四，发现病蜂群要及时隔离，与病蜂群有接触的健康蜂群可根据情况预防性给药。

第五，不到传染病发病区域购买中蜂或放蜂。

4.2 中蜂囊状幼虫病

第一，从选种上预防，选择抗病性较强的蜂种，增加蜜蜂对病毒的抗性。

第二，针对每年中蜂囊状幼虫病的两个高峰期，适时更换蜂王，切断传染源的循环。带有传染源的工蜂不用哺育幼虫，新产下的幼虫不带病源，新出房的工蜂也不带病源。

第三，中蜂囊状幼虫病与温度有很大的关系，加强保温，减少蜂群内温度变化，提供充足饲料使幼虫发育正常。另外，在摇蜜的时候要快速轻稳来减少幼虫受温度的影响程度。

第四、发现病害时，可囚王断子。如较严重时，应采取换箱、换脾、换王的措施。

4.3 巢虫

第一，常年饲养强群，保持蜂脾相称或蜂多于脾，可以减少巢虫上脾的机会。

第二，搞好蜂箱清洁卫生，定期清除蜂箱内的残渣和蜡屑，糊补蜂箱缝隙。把清理出来的残渣和蜡屑焚烧掉。

第三，在蜂群能造脾的时候及时造脾，保持蜂群内的脾比较新，把老脾提出来化蜡。

第四，保持充足的糖饲料，巢虫身上沾上蜂蜜后，会因气孔堵塞而窒息死亡。保持巢脾上饲料充足有减轻巢虫危害和阻止巢虫活动的作用。

4.4 蜜蜂微孢子虫病

第一，使蜂群贮有充足的优质越冬饲料和良好的越冬环境，绝对不能用甘露蜜越冬。越冬室的温度保持在 $2 \sim 4$℃，干燥，通气良好。

第二，早春时节，选择气温在 10℃ 以上的晴朗天气，让蜂群作排泄飞行。

第三，及时更换老、劣的蜂王。

第四，对病蜂群的蜂箱、蜂具和巢脾及时清洗和消毒，可采用 80% 醋酸液熏蒸的方法。冰醋酸有很强的腐蚀性，使用时要注意安全。

第五，饲喂时，每千克浓糖浆中加入 $0.5 \sim 1.0$g 柠檬酸或醋酸 $3 \sim 4$mL。

5 蜂蜜生产

在场地适合，植物流蜜好的条件下，利用蜜蜂采集的特性，获取蜜蜂巢内的蜂蜜。生产的蜂蜜一方面作为原料出售给蜂产品企业，供进一步加工和多领域应用，另一方面作为原生态食品直接分装零售，供消费者直接食用。一般情况下，原料蜂蜜可能存在水分含量高、微生物超标、混有杂质等现象，因此，需要针对蜂蜜状况匹配加工方式，对蜂蜜进行适当的加工处理，目前对蜂蜜有分离蜜和巢蜜生产。

第一，巢蜜生产。巢蜜生产是把蜂蜜保留在蜜脾中，根据商品规格要求将蜜脾整块或分割后包装出售；也可以通过安装不同形状的巢蜜格，引导蜜蜂在巢蜜格中筑脾酿蜜，封盖后直接取出，包装销售。因巢蜜必须是封盖蜜，同时又能够最大程度保留蜂蜜口感和风味，深受消费者欢迎。

第二，分离蜜生产是通过离心原理将蜂蜜从巢房中分离出来，巢房继续使用。分离生产是蜂蜜最主要的生产方式，分离蜜便于加工、运输和贮存，也方便应用于其他相关领域。本书主要介绍分离蜜的生产。

5.1 生产蜂群的组织

在当地主要蜜源植物流蜜前 45d 左右开始培育适龄采集蜂，组织采集蜂群。外界蜜、粉源不充足时进行奖励饲喂。早春气温低于 14℃ 时做好蜂群保温，气温高于 30℃ 时，做好蜂群遮阳；气温高于 35℃ 时，给蜂群洒水，散热降温。流蜜前 10～15d 组织采蜜群，即将出房的封盖子、卵虫脾、花粉脾放在底箱里，蜜蜂较密集的蜂群可再加 1 张空脾，子脾居中，粉脾靠边。底箱上面放隔王板，把蜂王隔在巢箱内产卵作为繁殖区，繁殖区一般放 7～8 张脾。隔王板上面放空继箱，作为贮蜜区。贮蜜区宜放刚封盖的子脾和空脾。蜂群较强，蜜蜂较密集的子脾和空脾相间排列；蜂群较弱，蜜蜂较稀疏的子脾集中摆放，子脾放中间，空脾放两边。放脾数量根据群势决定，以保持蜂脾相称或脾多于蜂。

双王群组织及管理：蜂箱正中间安上闸板，把巢箱分成左右两室，每室养一只蜂王。在巢箱和继箱加隔王板，把蜂王限制在巢箱里活动和产卵，成为产卵区；继箱供给工蜂栖附、产浆、贮蜜和育子，成为生产区。双王群组织主副群时：把双王群中产卵力较差的一只蜂王及几张巢脾，在流蜜期前提到另一个蜂箱里，作为副群，原群就是主群。单王强群组织主副群时，从较强的继箱中连蜂提出 2 张正出房的封盖子脾和 1 张粉蜜脾，放入新蜂王组成新分群，作为该继箱群的副群。离主要采蜜期 1 个月左右，把副群的卵虫脾补给主群，把主群即将出完房的封盖子脾或空脾调给副群。离主要采蜜期 10～15d 时，用副群的封盖子脾补充主群。主要采蜜期开始后，把并列在主群旁边的副群搬走，使其外勤蜂归入主群，增加主群的外勤蜂数，集中采蜜。

需要蜂王产卵时：把产卵区的大子脾提到生产区，把正在出房的封盖子脾或空脾加到产卵区让蜂王产卵。不需要蜂王产卵时，产卵区的每个室保持 3～4 张子脾，生产区只留 1 张子脾或不留。流蜜期补充蛹脾延续群势，流蜜期后促王繁殖以恢复群势。在蜜源植物流蜜期间，组织强群取蜜，弱群繁殖；新王群取蜜，老王群繁殖；单王群生产，双王群繁殖。将弱群里正出房的子脾补给生产群以维持强群。适当控制生产群卵虫的数量，以解决生产与繁殖的矛盾。采取措施预防分蜂热，注意通风和遮阳，保持蜜蜂采集积极性。

第一次取蜜要早，以清除杂蜜并刺激蜜蜂采集；盛花期蜂蜜封盖后及时取蜜并用空脾换蜜脾；末花期谨慎取蜜，留足蜜蜂饲料，以避免盗蜂；两个蜜源时间间隔较短时，应采用合并和补强的方式壮大采集群；蜜源时间间隔较长时，应调整蜂群群势达到均衡，留足饲料，或缩小蜂场规模，储备蜂王和部分蜂群，等待时机再次发展。

5.2　生产工具和条件

采收蜂蜜需要借助相应的生产工具，主要包括防蜂服、摇蜜机、割蜜刀、起刮刀、滤网、蜂刷、喷烟器等。

5.2.1　防蜂服

防蜂服主要作用是全方位防止蜜蜂螫刺人体。由衣服和蜂帽两部分组成，通常是上下连体设计，通风透气性好。蜂帽面网多采用黑色纱网或尼龙网制成，视野开阔、能见度高。国内蜂农在逐渐掌握蜂群习性的情况下，多使用更加简洁方便的蜂帽。

5.2.2　摇蜜机

摇蜜机主要作用是利用离心力把蜜脾中的蜂蜜分离出来。根据外壳材质，可以将摇蜜机分为不锈钢摇蜜机、塑料摇蜜机，摇蜜机与食品直接接触的部位均应选择食品级不锈钢或塑料。另外，根据摇蜜机的工作原理，可以将摇蜜分为弦式摇蜜机和辐射式摇蜜机。①弦式摇蜜机。工作时，脾面和上梁均与中轴平行，呈弦状排列，因此称为弦式摇蜜机。这类摇蜜机因其蜜脾呈弦状排列，所以蜜脾一面的蜂蜜分离后须翻转分离另一面的蜂蜜。通常做法是先在较低的转速下将蜜脾一面的蜂蜜分离出2/3后，翻转换面将另一面的蜂蜜分离干净，然后再翻转将第一面剩下的1/3蜂蜜分离出来。弦式摇蜜机结构简单、造价低、体积小，携带方便，目前还有活弦式摇蜜机，可以自动换面，国内蜂场主要使用此类摇蜜机。②辐射式摇蜜机。工作时，脾面位于中轴所在的平面上，下梁朝向并平行于中轴，呈车轮辐条状排列。辐射式摇蜜机工作效率高，不需要巢脾换面，大都采用电动机驱动，只是不便于携带，适用于定地饲养的大型蜂场或集中取蜜点。

5.2.3　割蜜刀

割蜜刀主要用于切除蜜脾蜡盖和王台蜡盖等。根据动力来源，可以将割蜜刀分为普通割蜜刀、蒸汽割蜜刀和电割蜜刀。蒸汽割蜜刀和电割蜜刀均利用加热刀身的方式工作，也有用于集中取蜜点的割蜜机，采用电力驱动。目前，国内蜂场大多数养蜂人使用普通割蜜刀。养蜂人常通过比较切割蜜脾蜡盖的速度和整齐度，判断一个人的养蜂水平，同时，在养蜂人的代代传承中，割蜜刀具有非常重要的象征意义。

5.2.4　起刮刀

起刮刀一头如羊角，用来起橇，一头如平铲，用来刮切。主要用于打开蜂箱撬动被蜜蜂用蜂胶粘住的副盖、继箱、巢框、隔王板；可用于刮铲蜂胶、赘脾及箱底污物；可以用来起、钉小钉子等。起刮刀通常采用优质钢锻造而成，西蜂场多使用该工具。

滤网主要用于蜂场取蜜后的简单过滤，过滤蜂蜜中蜜蜂尸体、杂草、叶子等杂质。因部分蜂蜜容易结晶，蜜蜂尸体等杂质也容易引起蜂蜜快速变质，所以凡是从摇蜜机取出的蜂蜜，都应该及时过滤，滤网孔隙选择 80～120 目。

5.2.5　蜂刷

蜂刷主要用于扫脱蜜脾、产浆框、育王框上的蜜蜂。蜂刷通常采用马尾毛和马鬃毛制成，使用蜂刷脱蜂时动作应轻、快，避免激怒蜜蜂。

5.2.6　喷烟器

喷烟器主要用于蜂群检查、蜂产品生产、培育蜂王等操作中镇服蜜蜂、阻止蜜蜂之间信息交流，保证生产操作人员的安全和效率。喷烟器由鼓风装置和燃烧炉构成，燃烧炉内点燃发烟燃料。按照鼓风装置可分为风箱式喷烟器、电动式喷烟器和发条式喷烟器 3 种，目前国内多用风箱式喷烟器。

蜂场位置蜂场应摆放在蜜粉源上风口，以避免农药危害；蜂场应远离车流量多的公路，以避免蜜蜂飞行过程中被车辆撞死，或蜜蜂螫刺行人；蜂场应避免放置在其他蜂场与蜜源之间的位置，同时避免蜜蜂采集路线经过其他蜂场，以避免蜜粉源减少引起盗蜂；蜂场还应避免摆放在易发生山洪、泥石流、塌方及凶猛野兽出没的地方；蜂场应远离学校、厂矿、机关、畜牧场、糖厂、蜂产品加工厂、垃圾场、香料厂、农药厂以及农药仓库等地。

蜜蜂最远平地采集半径可达 10km，山区采集半径小于平地。5km 以内为蜜蜂有效采集半径，采集半径越小，采集效率越高；蜂群搬运、产品运输以及生活物资供给需要较好的交通条件，同时综合考虑蜜粉源条件；蜂场应选择背风向阳、地势平坦、干燥、夏天有遮阳的区域；蜂场不能设置在湖泊、水库等大面积水域旁，避免蜜蜂溺亡；大流蜜期需设置饲水器满足蜜蜂需水要求；蜂场周围不能有被污染或有毒水源，避免蜜蜂患病和蜂产品污染；蜂群以合理密度摆放是管理蜂群的重要手段之一，要根据本地区气候、蜜源、蜂种等实际情况而定。大密度蜂群易引起单群蜂产量降低、盗蜂、传播疾病和偏集。

5.3　生产操作

分离蜂蜜前，首先要清洗、消毒并晾干取蜜用具和盛蜜容器；取蜜人员操作前洗手消毒；扫落巢脾上的蜜蜂；割掉已封盖蜂蜜巢房的蜡盖；用摇蜜机把巢房内的蜂蜜分离出来。分离蜂蜜后，在摇蜜机出口处安放一个过滤器过滤蜂蜜，把过滤后的蜂蜜放在大口桶内澄清，24h 后，当蜡屑和泡沫均浮在上面后，把上层的杂质去掉；将去掉杂质的纯净蜂蜜装入包装桶内，不要过满，留有 20% 左右的空隙，以防转运时震荡及受热外溢。使用摇蜜机分离蜂蜜时，转动速度应由慢到快，再由快到慢，后逐渐停转。摇蜜过程中的放脾、调脾和提脾动作要保持垂直和平行，以免损坏巢房导致不能重复使用。

5.3.1　采收时间

当蜜脾的贮蜜房有 95％ 以上封盖时，选择外界温度不低于 14℃ 的晴朗天气，在早上 8：00—10：00 取蜜。

5.3.2 操作步骤

包括脱蜂、切割蜜盖、分离蜂蜜、还脾4个步骤。一般要求3人合作：1人提脾脱蜂，1人割蜜盖和摇蜜，另1人传递巢脾。

（1）脱蜂。把附着在蜜脾上的蜜蜂抖离蜜脾再用蜂刷扫落剩下的蜜蜂。

人站在蜂箱一侧，打开大盖，依次提出巢脾，两手执框耳，对准蜂巢正上方，依靠手腕的力量，上下迅速抖动两三下，使蜜蜂掉落在蜂箱内，再用蜂刷扫落蜜脾上剩余的少量蜜蜂。当蜂刷沾蜜发黏时，将其浸入水盆中涮一下再用。

抖蜂时根据用力大小和快速抖动次数，分硬抖和软抖之分。抖脾脱蜂，要注意保持平稳，不碰撞箱壁和挤压蜜蜂。平时练习抖蜂，可用一空巢框，绑上约2kg重的扁体物，拿一空箱，用隔板隔一个1~2框的小区，人蹲箱侧，在这个小区内抖框练习，做到不碰箱底、上下抖动平衡垂直后，再抖蜂。

（2）切割蜜盖。蜂蜜分离前先割除蜜房的封盖，然后一手握着蜜脾的一个框耳，把巢脾的另一边侧条放在割蜜盖架（"井"字形木架）或其他支撑点上，右手持刀紧贴巢框从下向上顺势徐徐拉动，割去蜜盖。割去一面，翻转蜜脾再割另一面，割完后把蜜脾送入分蜜机里分离蜂蜜。割下的蜜盖和流下的蜂蜜，用干净的容器（盆）承接起来，最后过滤，滤下的蜂蜜作蜜蜂饲料或自酿蜜酒、蜜醋。

（3）分离蜂蜜。采用二次摇蜜法。准备两个摇蜜机，先不割蜜盖，将两个蜜脾里未完全封盖的蜜摇出用作饲料蜜，然后割盖，把割盖后的两个蜜脾分别置于两个分蜜机的巢脾承架里，最好让两蜜脾的重量大致相等，转动摇把，由慢到快，再由快到慢，逐渐停转，甩净一面的蜂蜜后换面或交叉换脾，再甩净另一面的蜂蜜。摇蜜过程中，提脾、放脾要保持垂直平行，避免损坏巢房；摇蜜的速度以甩净蜂蜜而不甩动虫蛹为准。

（4）还脾。取完蜜的空脾，经过清除蜡瘤、削平房口后，立即返还蜂群。

5.4 蜂蜜的储存和运输

由于蜂蜜具有吸湿、吸味的特性，易串味和变稀，稀蜂蜜易于发酵。此外，储存容器的好坏也会影响蜂蜜的品质，因此蜂蜜储存技术的关键在于贮蜜仓库的管理。

仓库的墙壁和屋顶应适当增加厚度或夹以保温材料，以避免受太阳辐射热的影响而导致库温升高。墙壁四周的上方应有带排气扇的通风窗，用于调节库内温、湿度。通风窗还应钉上细密铁纱，以阻止鸟类、盗蜂和其他昆虫飞入；库房地面应光滑，中间略高四周略低，并有排水阴沟，便于清洗排污和保持干燥。储存蜂蜜的仓库宜保持阴暗、干燥、通风，库温不超过20℃，相对湿度小于70％。仓库内温、湿度可采用电力通风和自然通风两种方法进行控制。

蜂蜜储存仓库不能同时存放挥发性强或气味浓烈的货物，如汽油、煤油、柴油、水产品、葱、蒜等，以防库内蜂蜜出现异味。包装材料应使用符合国家标准的无毒塑料桶；或选用符合国家行业标准的专用蜂蜜包装缸桶；选用陶瓷缸、坛，但应能够保持密封。不应使用镀锌桶、油桶、化工桶和涂料脱落的铁桶。包装容器使用前应清洗、消毒、晾干。蜂蜜储存容器上应贴挂标签，注明蜂场名称、场主姓名、蜂蜜品种、毛重、皮重、净重、产地和生产日期；运输蜂蜜前检查包装容器是否有渗漏，标签是否完整清楚。运输车辆或工具应洁净无污染，运输途中要遮阳，避免高温、日晒、雨淋，不得与有异味、有毒、有腐蚀性、放射性和可能发生污染的物品同装混运。

6 蜜源栽培

中蜂家庭农场应根据周边蜜源情况，有选择性地种植重庆地区优势蜜源植物，确保蜂群两季以上蜜源充沛。重庆地区主要优势蜜源植物详见表 2-6-1。

表 2-6-1　重庆地区主要优势蜜源植物

编号	名称	别名	科属	特点	花期	蜜粉
1	油菜	芸薹	十字花科	分为甘蓝、白菜、芥菜三类型，喜土壤肥厚、丰沃	2—4 月	蜜粉丰富
2	紫云英	红花草	豆科	喜湿润爽水环境土壤	1—5 月	蜜粉丰富
3	柚子	文旦	芸香科	喜温暖湿润环境	3—5 月	蜜粉丰富
4	紫苜蓿	紫花苜蓿	豆科	耐寒、耐旱，适应能力强	5—7 月	蜜多粉少
5	五倍子	棓子	漆树科	喜温暖湿润气候，也能耐一定寒冷和干旱	8—9 月	蜜粉丰富
6	乌柏	腊子树	大戟科	乌柏泌蜜为高温型 18℃左右开始泌蜜	6—7 月	蜜粉丰富
7	槐树	洋槐	豆科	刺槐花期 短而集中	3—4 月	蜜多粉少
8	大乌泡	乌泡	蔷薇科	气温在 18℃以上的雨后晴天流蜜较多	7—8 月	蜜粉丰富
9	玄参	黑参	玄参科	昼夜温差较大时才流蜜，花冠倒挂	7—9 月	蜜粉丰富
10	枇杷	芦橘	蔷薇科	大小年明显，产蜜量不稳定	11 至翌年 1 月	蜜多粉少
11	野菊花	野黄菊花	菊科	喜凉爽湿润气候，耐寒	6—11 月	粉多蜜少
12	蚕豆	胡豆	豆科	喜温暖湿地，耐低温，但畏暑	4—5 月	粉多蜜少

附件 2-1 蜂蜜产品市场营销

蜂蜜产品可以散装销售，也可以作为预包装销售，预包装销售需要具备食品生产许可认证（SC）和品牌。依据销售渠道，分为线下和线上销售两种模式。

线下销售

（1）蜂场就地销售。通过观光体验、认领等模式，吸引消费者直接与蜂场联系，实现销售目标。

（2）商超和药房销售。通过商场、超市等销售渠道，销售具备生产许可认证的蜂产品，同时打造产品品牌。

（3）原材料销售。将蜂产品原料批量销售给蜂产品原料流通企业或蜂产品加工企业。

线上销售

（1）借助京东、淘宝等互联网贸易平台，开展全国范围的推广和销售。

（2）通过建立互联网销售平台，开展蜂产品品牌的打造和市场营销。

附件 2-2 50 群规模中蜂家庭农场投资及收益分析

1. 蜂群购买成本

蜂群在大流蜜期结束后购买，此时价格适中。100 元/脾，3 脾/箱，蜂箱 100 元/箱，共 50 群。合计 20 000 元。

2. 蜂机具购买成本

蜂机具包括帐篷（生产管理用）、摇蜜机、割蜜刀、蜂衣帽、榨蜡机、喷烟器、储蜜桶、水壶、不锈钢盆、蜂扫、锤、钉等，8 000 元/套。合计 8 000 元。

3. 蜂群饲养成本

外界蜜源缺乏，同时巢内无储蜜时期，应选择饲喂糖水和花粉，10kg/（群·年），6 元/kg，50 群。合计 3 000 元。

以上投入中，蜂群和蜂机具投入为一次性投入，蜂群饲养为连续性投入。以首年计，投入成本合计 31 000 元。

4. 蜂蜜销售收益

中蜂年均产蜜量 10kg/（群·年），均价 200 元/kg，50 群。合计 100 000 元。

5. 蜂群销售收益

具备技术的养殖者，中蜂可按照 1 比 1 分蜂繁育，均价 300 元/群，50 群。合计 15 000 元。

以上收入扣除成本后，首年效益达 84 000 元，次年及以后效益在 102 000 元/年以上。

附件 2-3 蜂群摆放平面布局图和效果图

蜂场平面布局图范例，见彩图 2-3-1 至彩图 2-3-3。

蜂群摆放效果图见彩图 2-3-4 至彩图 2-3-7。

家庭农场布局图实例见彩图 2-3-8 至彩图 2-3-11。

附件2-4 大足区冒咕村中蜂家庭农场 典型案例

1. 基本情况

重庆市大足区冒咕村中蜂家庭农场位于大足区西北部冒咕村，占地2亩（彩图2-4-1至彩图2-4-6）。冒咕村距大足城区约22km，与安岳、潼南两县接壤，辖区面积8km²，耕地面积2 238亩，辖9个村民小组，1 086户，4 196人，产业主要以种植、养殖业为主。当地森林资源丰富，森林覆盖率达79.8%，目前正在打造生态乡村旅游综合体，升级奇石谷漂流，建设花、果、流水生态养鱼基地，开发水果、花卉、药材种植，陆续种植柑橘、银杏、三角梅、花石榴、刺梨、雪莲果等植物，配套打造大足黑山羊、蜜蜂养殖体验。

2. 农场目标

冒咕村按照"蜂种良种化、养殖设施化、生产规范化、防疫制度化"的总体要求，建设中蜂家庭农场。保有中蜂蜂群50群，结合大足区旅游资源，发展蜜蜂产业，带动全村及周边贫困户养蜂，促进当地蜂业发展。

3. 农场规划

（1）基础设施建设。蜂场大门：蜂场建设约170m²碳化防腐木栅栏，包围蜂场。根据蜂场地形，建设约120m人行步道和270m²蜂棚长廊；32m²的木质结构管理房，用于采蜜、存储物资等管理蜂场的日常所需，相关养蜂技术规程和管理制度。蜂场监控系统：配置5个摄像头、存储硬盘、第四代移动通讯技术路由器、视频服务器、交换机、网线等。蜂场引入自来水管道和照明与监控电源线。

（2）蜂箱和蜂机具购置。50套彩色蜂箱和50个蜂箱支架；相关蜂机具，包括高压清洗机1台、不锈钢摇蜜机2个、蜂衣蜂帽 10 套、不锈钢割蜜刀 2 把、蜂扫 5 把、饲喂器 50 个、覆布 100 张、手提喷雾器 2 个、不锈钢储蜜桶 5 个、蜂蜜滤网 2 个、糖度计 1 台、王笼 100 个、巢门隔王片 100 个、巢础 50 盒。

（3）蜜蜂文化相关设施建设。蜜蜂卡通形象 1 个；蜜蜂文化宣传展板 2 个，宣传蜜蜂科普文化知识。

4. 农场产品

中蜂家庭农场主要产品有中蜂蜂蜜、中蜂蜂群。

（1）中蜂蜂蜜。由中蜂采集的多种花蜜经充分酿造而制成的蜂蜜。中蜂蜂蜜口味独特、纯净无杂，含有丰富的有机酸、蛋白质、维生素、酶生物活性物质等多种营养成分，具有润肠、润肺、解毒、养颜、增强人体免疫力等功效。

（2）中蜂蜂群。中蜂又称为土蜂子，是东方蜜蜂的一个亚种。中蜂体躯较小，头、胸部黑色，腹部黄黑色，全身披黄褐色绒毛，有利用零星蜜源植物、采集力强、利用率较高、采蜜期长及适应性、抗螨抗病能力强，消耗饲料少等特点。中蜂是营社会性生活的昆虫，一箱蜜蜂就是一个群体，也是一个蜂产品生产的基本单元。

5. 农场市场

5.1　国际国内市场

我国饲养的蜜蜂有 900 余万群，约占世界 1/9，是世界第一养蜂大国。近年来我国蜂蜜全年的产量通常在 40 万～50 万 t。我国人均消费蜂蜜 230g，仅相当于德国的 1/5。据海关统计，2016 年，我国蜂蜜进出口总额下滑，出口蜂蜜 12.83 万 t，同比减少 11.3%，出口额约 2.77 亿美元，同比减少 4.2%，2016 年我国进口蜂蜜 6 000t，进口额 7 200 余万美元。蜂蜜是我国养蜂业的主要产品，我国有 13 亿多人口，如每人每年多消费 100g 蜂蜜，则需要蜂蜜 13 万 t，因此，我国蜂产品消费潜力巨大。

5.2　重庆市场

随着重庆市自由贸易试验区和长江经济带的建立，中心城市和区域龙头地位凸显，重庆市将成为中国西部具有影响力的区域中心城市。近几年，随着城市化进程的加快，城市人口不断增加，蜂产品的需求量也随之猛增，具有巨大的市场空间。重庆市有常住人口 3 000 万，按 20％人每天食用蜂蜜 30g 计算，每年可销售蜂蜜 6 万 t，即使重庆市蜂群发展到 150 万群，蜂蜜也只能满足 50％的需求，因此，重庆市的蜂产品市场前景广阔。

6. 农场效益

大足区冒咕村中蜂家庭农场依托周边旅游资源进行蜂产品销售。农场建成后，扣除各项投入成本，首年效益达 8 万元，次年效益达 10 万元，随着技术水平的不断提升，蜂群保有量、蜂产品产量和经济效益会逐年提高。

第3部分　生态鸡家庭农场养殖技术

　　生态鸡家庭农场是以家庭为单位，常年存栏 1 000 只以上生态鸡，实现年出栏 2 000 只以上的优质生态鸡。生态鸡家庭农场重点做好鸡舍建造、品种选择、饲养管理、疾病防控、废弃物利用、产品检验检疫等关键技术，产生良好的社会效益、生态效益和经济效益。

1 鸡舍建造技术

1.1 选址与布局

1.1.1 地理条件

生态鸡场应选在地势较高、干燥平坦、排水良好、向阳背风的场地。

平坝地区应将场址选择在比周围地段稍高的地方，地面坡度以 1%～3% 为宜，地下水至少低于建筑物地基埋深 0.5m 以下。对靠近河流、湖泊地区，场地应比当地水文资料中最高水位高 1～2m。

山区建厂应选在稍平缓的坡上，坡面向阳，总坡度不超过 25%，建筑区坡度应在 2.5% 以内。避开断层、滑坡、塌方、坡底、谷底向风口等地方。

1.1.2 环境条件

（1）土壤。要求透气性和透水性良好。禽场的土壤以排水性能良好、隔热的沙壤和壤土为宜。

（2）供水。水质应符合相关卫生要求。

（3）供电。供电量应能满足生产需要，无双路供电的场应自备发电机以防停电。

（4）交通。一般应选择在交通方便、接近公路、靠近消费地和饲料来源地的区域建设生态鸡场，还要与主要交通干线有一定的距离（最好在 1 000m 以上）。

1.1.3 场区布局

（1）家禽场分区原则。各种房舍和设施的分区规划要便于防疫和组织生产出发，应以人为先、污为后的顺序排列，按生活、行政、辅助生产、生产、污粪处理等区域布局，各区之间要有一定间隔和屏障。

生态鸡场一般分为管理区（包括行政管理用房和职工生活用

房）、生产区（生产用房和生产辅助用房）、隔离区（污染源用建筑），并根据地势的高低，水流方向和主导风向，按人、禽、污的顺序，将这些区内的建筑设施按环境卫生条件的需要次序给予排列（图3-1-1）。

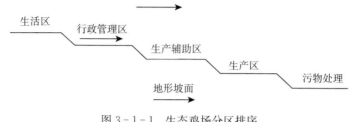

图3-1-1　生态鸡场分区排序

（2）计划布局时应考虑的几方面问题。

①各区的设置：一般行政区和生产辅助区相连，有围墙隔开，生活区最好自成一体。污粪处理区应在主风向的下方，与生活区保持较大的距离。②饲养工艺：生态鸡的饲养工艺分成两阶段饲养即育雏鸡为一个阶段，成年鸡为一阶段，需建两种生态鸡舍，一般两种生态鸡舍的比例是1∶2。雏鸡舍应放在上风向，依次是育成舍和成年舍。③鸡舍的朝向：鸡舍要根据太阳辐射和主导风向两个主要因素确定朝向，最好向阳背风。④生产区内的道路：道路分为清洁道和污道两种。清洁道专供运输鸡、蛋、饲料和转群使用，污道专用于运输鸡粪和淘汰鸡。⑤鸡场的绿化：绿化布置要根据不同地段的不同需要种植不同种的树木，以发挥林木美化、改善鸡场自然环境的作用。

1.2　设施建设

生态鸡家庭农场实行生产、生活区严格分离，生产区应设有相应的生态鸡棚舍、雏鸡育雏室、饲料加工房；设有配套的用于粪便无害化处理的堆粪房。

1.2.1 养殖单位划分

为了有效预防疾病发生，应将用于养鸡的山地或林地划分成不同养殖单元，单元与单元之间钉桩拉网隔开，网眼大小以鸡不能通过为准，两单元中间挖宽 2m、深 1.5m 的防疫沟。

1.2.2 生态鸡棚舍建设

每个养殖单元应设围墙或用纤维网或高速网制成围栏，便于管理；根据养鸡数量和场地面积的不同，搭建相应数量的棚舍。一般以 5 亩地作为一个养殖单元，每个养殖单元饲喂生态鸡数量为 200 只，每个养殖单元修建 1 个棚舍，棚舍面积为 30m²（长 6m、宽 5m），每平方米饲养 8 只计算。要求搭建棚舍呈"人"字形，坐北朝南，棚顶高 3m，檐高 2.0～2.5m，棚舍漏粪板离地面悬空 1.8m 高，活动露台 20m²，以防止鸡群被雨淋、霜冻、烈日暴晒避免受到意外的惊吓、伤害等。棚舍配套饲料槽、水槽和产蛋箱。棚舍提倡分散建，不宜建密集型养殖小区。

1.2.3 雏鸡育雏室建设

一般情况下，生态鸡家庭农场在父母代种鸡场直接购买脱温鸡苗，有条件和技术实力的家庭农场可以配套建设 1 间雏鸡育雏室面积为 100m²（长 20m、宽 5m），要求搭建棚舍呈"人"字形，坐北朝南，棚顶高 4m，檐高 3m，配套饮水、投料及加温设备。

1.2.4 饲料加工房建设

饲养 1 000 只生态鸡的家庭农场应建设 1 个 50m² 的饲料加工房，饲料加工房建设采用彩钢材料，并配套饲料粉碎机投入设备，确保生态鸡的各个生长阶段的营养需要，保证其饲料供给和补充。

1.2.5 堆粪房建设

饲养 1 000 只生态鸡的家庭农场需建设 1 个 30m² 的堆粪房，堆粪房地面应为混凝土结构，并盖有彩钢房顶，以便清出的垫料和粪便在堆粪房进行高温堆肥处理，粪便经堆积发酵后可作农业用肥。

2 品种选择技术

2.1 生态鸡品种

生态鸡养殖适合选择抗逆性强的地方品种，同时考虑市场行情和消费需求选用适销的品种，如重庆的城口山地鸡、大宁河鸡、南川鸡、大发鸡、三黄鸡及五黑一绿鸡等（彩图3-3-1～彩图3-3-6）。

2.2 生产模式

生态鸡的生产模式采用二段制，即育雏期和育成期。育雏期为一段饲养，在鸡舍内进行，育雏期为42d；育成期为一段饲养，实行放牧饲养。以6月龄和18月龄出栏两种生产模式。

生产模式对鸡肉的品质有比较大的影响，作为生产优质鸡肉的地方鸡种，应该考虑采用理想的饲养方式，以获得良好的鸡肉品质。雏鸡育雏期后，饲养方式采用放牧加补饲无公害生态养殖法，以放牧为主，补饲为辅。将传统饲养方法和现代科技相结合，根据各地的区域特点，在生态自然环境良好的荒山、林地、农闲地、果园等地适度规模饲养。

3 饲养管理技术

3.1 做好育雏工作

育雏直接关系到雏鸡的成活率、健康、将来的经济效益。应根据雏鸡生长发育特点为雏鸡创造适宜生长的环境，提供良好的营养、卫生、防疫和饲养管理条件。

3.1.1 育雏前的准备工作

（1）制定好饲养计划。包括每年养多少批鸡，每批养多少只鸡，养什么品种等都应做好计划。

（2）确定育雏方式。常用育雏方式包括厚垫料地面育雏、网上育雏、立体笼养育雏。采用厚垫料育雏时，将育雏室打扫干净后，撒上一层石灰（每平方米撒 1kg），然后再铺上 5～6cm 厚的垫料，整个育雏期不更换垫料。垫料脏时再添加干净垫料；采用网上育雏是将雏鸡养殖在离地面 50～60cm 高的铁丝网（或竹栅条、塑料网等）上，网眼大小一般为 1.2cm×1.2cm，供温方式有红外线灯、电热管、烟道等；立体笼育雏常用多层育雏笼，笼内热源可用电热管、红外线灯，室温可用烟道升温。

（3）育雏舍清扫、冲洗、消毒。首先清扫屋顶、四周墙壁、鸡笼内外脏物，然后用清水洗刷不能挪动的设备、房屋、地面、门窗等，再用消毒溶液用水枪或喷雾器冲洗，地面、墙壁最好用10% 的石灰水洗刷，最后按每立方米空间用 7～10g 的高锰酸钾和 15～20mL 的甲醛溶液进行熏蒸消毒，24h 后打开门窗，排放有害气体。

（4）育雏用具的准备。育雏前 3d 将消毒好的育雏舍打开，将垫料铺好，或网上铺牛皮纸，笼养的笼底铺塑料垫网。食槽、开食盘、饮水器、水槽、承粪板等用具都放入育雏舍适当的位置后，再进行一次熏蒸消毒，24h 后打开门窗排除异味。育雏前1d 检查和检修升温设备，将舍温升到 35℃。准备好饲料、药物及各种疫苗等。

（5）做好记录。记录每日的饲料消耗量、死亡鸡数、用药情况、使用疫苗情况等。

3.1.2 雏鸡的适宜条件

（1）温度。温度随鸡龄增加逐渐降低，可按每周下降3℃左右调节。一般第一周32～35℃，第二周29～32℃，第三周27～29℃，第四周24～27℃，第五周21～24℃，第六周18～21℃。温度对鸡是否合适，重要的是观察鸡群的活动状态与活动规律，即"看鸡施温"。温度合适时，雏鸡表现活泼好动，饮水适度，休息时安静，分布均匀；温度过高时鸡表现张口喘气，远离热源，饮水量增多；温度过低时雏鸡羽毛耸起，拥挤在热源周围，发出叽叽的叫声，饮水量减少并好挤在一堆，无论温度过高或过低都要及时调节。

（2）湿度。10日龄前为60%～70%，10日龄后为55%～60%，相对湿度不能高于70%和低于40%。

（3）通气。雏鸡舍排除室内污浊的空气，更换新鲜空气，调节室内温度、湿度，在保持温度的基础上应尽量保证良好的通气状况，使雏鸡的正常生长。

（4）密度。密度是指每平方米面积上饲养的雏鸡只数，密度与室内空气、湿度、卫生等因素有直接关系，饲养方式不同其密度亦不同（见表3-3-1）。

表3-3-1　饲养方式不同对应密度

地面平养		立体笼养		网上平养	
周龄	只/m²	周龄	只/m²	周龄	只/m²
0～6	13～15	1～2	60	0～6	13～15
7～12	10	3～4	40	7～20	8～10
12～20	8～9	5～7	34		
		8～11	24		
		12～20	14		

（5）光照。3 日龄前采用 24h 光照，以后逐渐过渡到采用自然光照。人工光照的强度可按 3W/m² 计算，灯泡距地面 2m 左右，灯泡间距 3m。

3.1.3 雏鸡的饲养管理

（1）饲喂技术。当雏鸡到达育雏舍后，应均匀地放在饮水器附近和热源周围，在最初 2～3h 让雏鸡先饮水，水温最好 20℃左右，饮水中可加 8% 的葡萄糖和适量的复合维生素。喂料时间在出壳后 24～36h 为宜，方法是将准备好的饲料撒在报纸、塑料布或浅边食槽内，每天喂料 6～8 次，随日龄增加次数逐渐减为每天 3～4 次，并保持不断水。可在饲料中加入预防白痢等病的药物。

（2）日常管理。每日观察鸡群的健康、精神状况，鸡舍及育雏器的温度与湿度，通气状况，光照情况，粪便颜色，鸡只死亡数量，饮水、采食，叫声等，如发现有异常，应及时寻找原因，并采取相应措施；随时淘汰发育不良的鸡，对病死、伤残鸡进行深埋或焚烧处理；每日清扫鸡舍，清洗饮水器、料槽等器材。

（3）断喙。在 7～10 日龄进行为宜，6～10 周龄内可再补修剪一次。方法是：用断喙机断去上喙尖到鼻孔的 1/2，断去下喙的 1/3；或用剪刀剪去后再用 200～300 瓦的电烙铁烧烙止血。可在断喙前一天在饲料中加入维生素 k 或适量的复合维生素。放牧饲养的鸡群可不断喙。

3.2 鸡群观察

健康鸡活泼好动，不扎堆，不乱叫，不呆立瞌睡；鸡的采食量随日龄增大而逐渐增加，平时注意其采食量的变化；平时常观察粪便形状、颜色，有无红粪、绿粪或拉稀等情况的出现；每次饲喂时观察有无病弱个体；观察有无啄肛、啄羽等恶癖的发生。

3.3 放养训练

生态鸡的放养训练是饲养中的关键环节,要从幼雏抓起。雏鸡在舍内饲养 4 周后,体重达到 200g,此时改为有草地、围栏的场地散养,有目的地训练鸡使之形成条件反射,经过一定时间的训练,雏鸡听到人为的声音就回来吃食饮水。此时应抓住时机训练鸡群觅食饲料和捕食牧草的能力,经过 4～6 周训练,雏鸡形成了条件反射,捕食能力和自我防护能力大大提高。

鸡个体重达到 500g 时,已具备了放养的基本条件,可以把鸡群散放到预先圈定的放牧场地,开始鸡的自然生态饲养,让鸡群在开阔的山野,自由自在地捕捉昆虫,寻觅草子,啄食嫩草。

3.4 饲养密度

以每个养殖单元 200 只左右生态鸡为宜,密度一般以每亩林地放养 40 只为宜。一般饲养 1 000 只生态鸡的家庭农场可以把放养场地分隔成 5 个养殖单元。

3.5 合理补饲

育雏期每日补饲 5～6 次,放牧期每日补饲 2～3 次。从生态鸡的养殖特点上看,饲料、饲草分为两部分。一部分是人工饲料,另一部分是天然饲料。补饲要定时定量,可强化条件反射。要按照生态鸡各个生长阶段的营养需要,保证其饲料供给和补充。生态鸡补饲日粮配方见表 3-3-2。

表 3-3-2 生态鸡补饲日粮配方 (仅供参考)

单位:kg/t

饲料	0～6 周龄 (雏鸡)	7 周龄开始 (育成鸡)
玉米	637.94	711.53
豆粕	200.00	100.00

（续）

饲料	0～6 周龄 （雏鸡）	7 周龄开始 （育成鸡）
菜籽粕	50.00	47.81
蚕蛹	12.76	43.69
鱼粉（国产）	80.00	80.00
石粉	7.00	6.91
磷酸氢钙	5.00	3.79
食盐	3.50	3.50
赖氨酸	0.72	0.58
蛋氨酸	1.08	0.19
维微添加剂	2.00	2.00
合计	1 000.00	1 000.00

3.6　防止应激

防止应激是鸡群放养管理方面的重要环节，鸡群受惊后产生应激，不仅会使鸡群暂时停止生长，甚至会影响其健康导致死亡。主要预防断喙应激和高温应激，可在日粮中添加适量的维生素 C、复合多维生素或中草药复合添加剂。

3.7　合理出栏

3.7.1　适时出栏

根据生态鸡的生理和营养成分的积累特点，6 月龄和 18 月龄两种生产模式的出栏时间为 180d 和 540d 左右，此时出栏的鸡体重适宜、肉质细嫩、鲜味可口、香气宜人，是体重、肉质、成本三者的较佳结合点。

3.7.2　适时休药停食

生态鸡在出栏上市前 7d，严格执行停药期；出售前 6～8h 停喂饲料，可以自由饮水。

4 疾病防控技术

鸡个体较小，大多群体饲养，发病后出现明显症状才会被发现，此时加以进行治疗效果大都不好。因此，坚持"预防为主，防治结合，防重于治"是生态鸡疾病防治的基本原则。

4.1 饲养前期防控

4.1.1 场地清理与消毒
每批鸡饲养前，要对场地及育雏室做一次全面清理，清除林地及周边 10m 内的各种杂物及垃圾，再用消毒液对林地及周边进行全面喷洒消毒，尽可能地将场地病原微生物数量降到最低。

4.1.2 确保鸡苗健康无病
一个养鸡场的鸡苗不能来自不同的种鸡孵化场，而且同一个养鸡场只能饲养一个品种的鸡，特别注意不能饲养其他畜禽，这样有利于疾病预防。

生态鸡免疫程序应根据当地和家庭农场的实际情况而确定，一般正常情况下的用量见表 3-4-1（仅供参考）。

表 3-4-1 生态鸡免疫程序

日龄	接种疫苗	疫苗类别	剂量	免疫途径	备注
7～10	新城疫-禽流感 H9 亚型二联苗油乳剂	油乳剂	1 头份	颈部皮下注射	
	鸡新城疫、传染性支气管炎二联活疫苗（HBI 株＋H120 株）	弱毒苗	1 头份	点眼	
14	鸡传染性法氏囊病活疫苗（B87 株）		1 头份	饮水	
18	鸡痘	弱毒苗	1 头份	刺种	
	禽流感 H5 亚型灭活苗（RE-5）	油乳剂	1 头份	颈部皮下注射	

（续）

日龄	接种疫苗	疫苗类别	剂量	免疫途径	备注
24	鸡传染性法氏囊病活疫苗（B87 株）		2 头份	饮水	
30	鸡新城疫、传染性支气管炎二联活疫苗（HBI 株＋H120 株）		1 头份	点眼	
	禽流感 H5－H9 双价灭活疫苗	油乳剂	1 头份	颈部皮下注射	
70	鸡新城疫活疫苗（F 株）		1 头份	肌肉注射	

4.1.3 疫苗的接种方法及注意事项

（1）常见的疫苗接种方法有滴鼻、点眼、滴口、饮水、气雾、刺种、皮下注射和肌内注射等。

①滴鼻、点眼：将疫苗按用量加入适量稀释液，确保每一滴等于一个剂量，常用于新城疫Ⅳ系苗、传染性支气管炎苗、传染性喉气管炎等。

②滴口：用法同前滴鼻、点眼，常用于法氏囊疫苗的首次接种。

③饮水：将疫苗混于饮水中进行免疫。

④气雾：将疫苗稀释后雾化，常用于饲养密度较大的密闭式鸡舍。

⑤刺种：用专用的刺种针将按一定比例稀释好的疫苗刺种在鸡翅膀内侧无血管处。

⑥皮下注射：用注射器将按比例稀释好的疫苗或油乳剂疫苗注射于鸡的皮下。

⑦肌内注射：用注射器将按比例稀释好的疫苗或油乳剂疫苗注射于鸡的肌肉内。

（2）接种疫苗注意事项。接种的鸡必须健康。所用疫苗严格按要求保存；疫苗的用法、用量严格按照使用说明书执行。使用弱毒苗的前 1d、当天及后两天不要消毒，使用疫苗的前后 5d 不用抗生素和磺胺药物，接种疫苗期间饲料中添加比平常多1倍的多种维生素。饮水免疫前家禽要停水2～3h（热天停水时间酌减），用于饮水免疫的水不含氯或其他有消毒剂作用的物质，最好用井水或冷开水，水中加入2%的脱脂奶粉，避免使用金属容器，选择一天中气温最适宜的时间使用。疫苗水要远离热源并现配现用。

4.2　饲养中期防控

4.2.1　严格控制人员的进出

场内只允许饲养员及技术人员进出，需尽量减少进出次数，进出场前必须脚踏消毒池和洗手消毒，最好能更衣换鞋。饲养员在场内不允许随意走动、聊天，各种生产工具按区配齐，不能窜区使用。运送饲料的车辆必须经过严格彻底地喷雾消毒后方可入场。

4.2.2　搞好场区内的环境卫生

定期进行灭鼠及其他有害昆虫防治等工作，同时做好人工驱赶野鸟工作，可以训练家犬驱逐附近的鼠类、鼬类和鹰的侵害，或用尼龙网把场围罩好。垃圾及药物包装袋统一回收集中处理，严禁从市场上采购其他任何畜禽产品在场内食用，场内及周边严禁饲养其他畜类或鸟类。本场的技术人员不得擅自到其他养鸡场参观或为其他鸡场进行疫病诊断工作。淘汰鸡、病死鸡及时统一处理出场。

4.2.3　做好消毒工作

在鸡的饲养期间，全区范围及周边5m处必须每周带鸡消毒1次（免疫前后3d不带鸡消毒），注意不能用刺激呼吸道的消毒药。饮水中加入适量的消毒药（如0.01%高锰酸钾溶液、大蒜水等），可以杀死水中的病原体，同时提高鸡的抗病力，不同饲养批次最好轮换、交替使用的消毒药品种。

4.2.4　慎用药品

生态鸡养殖过程中，要注意防治球虫病和消化道寄生虫病。一旦发病，中后期要慎用药物，多用中草药及采取生物防治，尽量减少和控制药物残留影响肉质。复方青蒿克球散配方：青蒿1 000g、常山2 500g、柴胡900g、苦参1 850g、地榆碳900g、白芭根900g，加水煎3次，浓缩至2 800mL，制成25％药溶液，按15kg饲料加4 000mL药溶液拌均匀喂鸡，对防止鸡球虫病有很好的效果。

4.3　饲养后期防控

4.3.1　严格执行全进全出制

生态鸡家庭农场进鸡要求在一天内进齐。饲养期结束后尽可能在短时间内将生态鸡出栏，场内不留一只鸡，这样可以有效地中断传染链，减少疾病的传播，降低成本，提高成活率和经济效益。

4.3.2　清场处理

生态鸡出栏后，应将林内的用具等一切可以移动的物品一概移至林地外消毒暴晒处理。然后彻底清除林地内杂物及垃圾。必要时挖松表层泥土，撒上一层新鲜生石灰或喷洒消毒药后再压实。场内及周围10m内的树木、牧草也要用新鲜生石灰刷白树干或喷洒消毒药。喷洒消毒时必须用3种以上的消毒药品进行消毒。

5 废弃物处理利用技术

生态鸡家庭农场棚舍下面的垫料，待鸡出栏后一次性清理垫料，饲养过程中垫料过湿要及时清出。清出的垫料和粪便在堆粪房进行高温堆肥处理，粪便经堆积发酵后可作农业用肥，确保生态鸡家庭农场产生的粪便无害化处理。

6 产品检验检疫技术

生态鸡出售前报当地动物检疫部门进行产地检疫和检验，并接受国家农产品管理部门对产品质量的监测和管理。产品经检测合格后上市，不合格的产品按 GB/T 16548 标准处理。

附件 3-1 生态鸡家庭农场设计图 1 套

生态土鸡家庭农场设计图

重庆市畜牧技术推广总站
2019年3月

放牧林地	放牧林地	放牧林地	放牧林地	放牧林地
放牧林地 鸡舍 放牧林地	放牧林地 鸡舍 放牧林地	放牧林地 鸡舍 放牧林地	放牧林地 鸡舍 放牧林地	放牧林地 鸡舍 放牧林地
放牧林地	放牧林地	放牧林地	放牧林地	放牧林地

生态土鸡家庭农场平面布局示意图

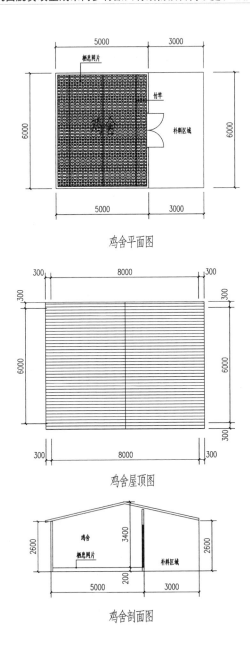

鸡舍平面图

鸡舍屋顶图

鸡舍剖面图

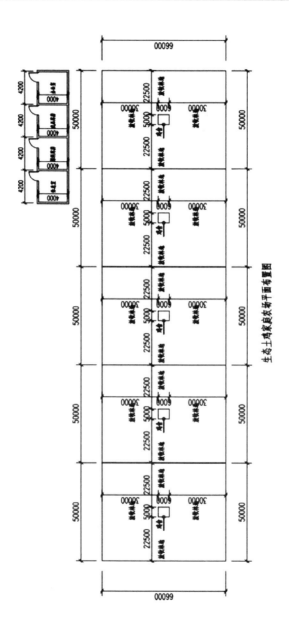

附件3－2 生态鸡家庭农场投资分析

1. 年出栏2 000只规模的生态鸡家庭农场投资预算分析

年出栏2 000只规模的生态鸡家庭农场总投资92 000元，其中：固定资产投资82 000元，流动资金10 000元。生态鸡家庭农场投资预算主要包括建设工程费、其他费用和铺地流动资金费3个方面。

1.1 建设工程费

（1）基础工程费。

①生态鸡棚舍建设费。建设5个30m² 的生态鸡棚舍，每个生态鸡棚舍投入建筑工程费500元，每个生态鸡棚舍配套饲料槽、水槽和产蛋箱等设备购置费200元，5个生态鸡棚舍共投入3 500元。

②饲料加工房建设费。建设1个50m² 饲料加工房，50m² 饲料加工房建设采用彩钢材料建造投入建筑工程费10 000元、配套饲料粉碎机投入设备购置费2 000元，饲料加工房共投入12 000元。

③雏鸡育雏室建设费。建设1个100m² 雏鸡育雏室，100m² 雏鸡育雏室采用彩钢材料建造投入建筑工程费20 000元，配套饮水、投料及加温设备投入设备购置费10 000元，雏鸡育雏室共投入30 000元。

④堆粪房建设费。建设1个30m² 堆粪房，投入建筑工程费2 000元。

（2）辅助工程费。年出栏2 000只规模的生态鸡家庭农场需要占地面积为25亩，为了有效预防疾病发生，应将用于养鸡的山地或林地划分成5个养殖单元，单元与单元之间钉桩拉网隔开，网眼大小以鸡不能通过为准，尼龙网等配套的设备购置费3 000元。

1.2 其他费用

（1）土地租金费。建设年出栏2 000只规模的生态鸡家庭农场，需要租用荒山林地25亩，每亩按照200元/年租金测算，25亩荒山林地共投入土地租金5 000元。

（2）脱温鸡苗费。建设年出栏2 000只规模生态鸡家庭农场，需要购买2 000只脱温鸡苗，目前按照市场价每只脱温鸡苗12元计算，2 000只脱温鸡苗共投入24 000元。

（3）鸡苗保健费。按照每只鸡需要投入保健费1元，防治球虫病和消化道寄生虫病以及购买中药用于鸡苗保健共投入2 000元。

1.3 铺地流动资金

为维持正常运营，需要对鸡购买生态鸡补饲日粮等方面的流动资金10 000元。

2. 年出栏2 000只生态鸡养殖效益分析

据调查，重庆市城口、巫溪、南川、綦江、江津等区（县）的农民充分利用荒山林地，发展生态鸡产业。经过对多家养殖场（户）的调查，不同品种、不同市场定位的生态鸡出栏时间主要分为6月龄和18月龄两种生产模式。

（1）6月龄生产模式。按照6月龄生产模式生产的生态鸡，收购的平均市场价格为40元/kg，每只鸡平均销售收入为80元，每只鸡平均利润为25元。生态鸡家庭农场每批出栏1 000只，每年出栏2 000只，整年生态鸡家庭农场的盈利可达50 000元。

（2）18月龄生产模式。按照18月龄生产模式进行生产的生态鸡，每只鸡平均销售收入为125元，每只鸡销售鸡蛋收入为180元/只，每只鸡平均利润为130元。饲喂1 000只生态鸡，整年生态鸡家庭农场的盈利可达130 000元。

由以上分析可知，饲养生态鸡养殖效益十分可观。重庆市生态环境优越，荒山林地资源丰富，发展优质放养生态鸡具有得天独厚的天然优势，在掌握养殖技术、建立销售渠道、树立良好信誉等条件的前提下，适度发展优质生态鸡产业是当地农民实现农业增效、农民增收的一条切实可行途径，经济效益、生态效益、社会效益十分显著。

附件3－3 生态鸡家庭农场产品营销推荐

1. 市内龙头企业带动营销

生态鸡家庭农场产品营销采取肉鸡龙头企业带动完成整个产业链（种鸡—人工授精—种蛋—孵化—脱温—育雏—育成—产蛋—回收—包装—销售）的建设，制订行业技术标准和质量追溯体系，共同打造区域生态鸡品牌。生态鸡产品主要销往重庆主城、成都、北上广深等一线消费市场。

2. 其他销售方法

（1）依托电商平台。开展企业编码、产品筛选、购销合作，"对外"共享信息、整合资源、抱团营销，聚焦产业扶贫难点，围绕产品变商品这一主线，着力搭建"内通外联"的长效性商贸通道和电商平台，打通产品销售通道，实现长效稳定脱贫。

（2）打造生态鸡专卖店。生态鸡专卖店是构建符合市场经济条件下的鸡产品产销一体化运营的重要平台，是实现养鸡合作社、养殖大户、城市生态鸡产品需求之间的有效对接，缓解城市居民买鸡难、买鸡贵，解决城市"菜篮子""米袋子"工程的有效途径。采购、运输、储藏都可以更专业，如果开始连锁经营，也可以足够地降低成本，保证利润，也比周围的超市和菜市场更具有优势。同时比起传统的商场超市更能满足周围居民的需求。

（3）建设家禽配送中心。依托行业龙头企业，打造家禽配送中心，按照农业农村部和重庆市政府的要求，坚持"政府引导、部门监管、企业主体、市场运作"的原则，以维护公共卫生安全和城市卫生为出发点，重庆主城区Ⅱ环线内和区县城区实现家禽"定点屠宰、集中检疫、冷链配送、生鲜上市"，稳步建立"活禽定点屠宰、禽肉冷链配送、冰鲜上市经营、方便高效、环保卫生、安全放心"的家禽屠宰、流通和经营模式。

附件3-4　生态鸡家庭农场典型案例

綦江区大罗山家庭农场

1. 基本情况

綦江区大罗山家庭农场，位于重庆市綦江区打通镇吹角村八组洞岩坪，创建于2014年12月。家庭农场采用"基地＋农户＋回收"的抱团模式发展，采用线上线下老客服带新客户的销售模式，公司以诚信为基石、质量为基础的发展理念，带动周边农户共同开展产业发展。

家庭农场现有鸡舍20余间，库房200m²，办公室100m²。天然放牧蛋鸡10 000余只，年产蛋量60万余枚，年出栏母鸡5 000余只，带动周边农户50余户，年收入200余万元。

家庭农场鸡舍见彩图3-3-7。

2. 农场目标

在未来5年里，大罗山家庭农场准备生态鸡蛋品质从而提高鸡蛋价格；带动周边农户300余户，销售收入达到1 000余万元；要让农场的绿壳土鸡蛋和土鸡走出綦江，走出重庆，走向全国人民的餐桌上，成为养殖行业的知名品牌。

3. 农场规划

3.1　战略规划

大罗山家庭农场计划总投资500万元，可养殖天然放养绿壳蛋鸡10万余只的项目，可为市场提供天然放养的母鸡6万余只，绿壳鸡蛋1 200余万枚，带动周边农户500余户，销售收入达到2 000余万元。

3.2　远景规划

大罗山家庭农场在未来准备建设土鸡和蛋品的深加工业务，

把真正的农家土鸡和绿壳土鸡蛋送到全国人民的餐桌上。

4. 农场产品

大罗山家庭农场主要产品有天然放牧的农家土鸡和绿壳土鸡蛋两个产品。从 2000 年开始从事家禽养殖，积累了丰富的养殖经验，并摸索出一整套天然的放养养殖方法。采用天然的方法放牧，以农家粮食为辅料，天然的野草和虫子为主餐，这样养殖出来的鸡和蛋口感清香细腻，吃起来放心。

现有商标为"翠林 Cuilin"，于 2016 评定为綦江区知名商标，"翠林 Cuilin"绿壳鸡蛋和土鸡正在申报绿色食品认证。公司全程中草药做保健，采用天然的方法放养，以农家粮食为辅料，天然的野草和虫子为主餐

绿壳蛋特点：蛋壳为天然翡翠绿色，蛋黄大，蛋清稠、蛋白浓厚、细嫩，极易被人体消化吸收，含有大量的卵磷脂、维生素 A、E 和微量元素碘、锌、硒，氨基酸的含量比普通鸡蛋高出几倍，蛋黄比草鸡蛋黄大 8%，蛋黄色素可达罗氏 13 级左右（普通鸡蛋的蛋黄色素一般为罗氏 4～5 级），属于高维生素、高微量元素、高氨基酸、低胆固醇、低脂肪的理想天然保健食品。绿壳蛋 1996 年 8 月被国家专利局受理为发明专利，同年 10 月被国家绿色食品发展中心批准为绿色食品，1998 年被国家卫生部批准为保健食品。

绿壳蛋鸡由于具有特殊的药用价值，且吃天然土鸡的习惯几乎遍布全国城乡，因此历来是我国畅销的产品，无论何地其价格都比其他禽类高。其在今后 5～8 年内均为扩种繁殖推广阶段，目前绝大部分地区还属空白，市场上还很难找到，只有北京、上海、广州、海南等大中城市的超市上偶有所见，数量极少，价格 40 元/kg，且多是有价无货。

生态鸡饲养环境见彩图 3-3-8，农场绿壳鸡蛋见彩图 3-3-9。

5. 农场市场

5.1 目前市场

据《中国食品报》报道：现全国平均每个市（县）养殖蛋鸡数基本饱和，养殖者利润微薄，近年来很多蛋鸡厂家一直在走下坡路，很多厂家甚至跌破血本。普通鸡蛋的价格一降再降，已经到了成本的边缘，老百姓也不愁买不到鸡蛋，且时间久了，人们发现鸡蛋不像以前那么香了，并且了解到鸡蛋的胆固醇高，一些人便远离了鸡蛋。绿壳蛋的面世，为众多蛋鸡厂家更换新品种提供了出路，也为众多投资者提供了潜在商机，逐渐消除了人们对普通鸡蛋的种种顾虑，渐渐喜欢具有滋补保健的绿鸡蛋。特别是我国已经加入世界贸易组织，绿壳蛋鸡作为我国独有的优质畜禽产品，市场潜力巨大，养殖景十分诱人。目前一部分有远见的蛋鸡养殖场已经纷纷转产绿壳鸡蛋，并已取得高额的利润回报。

5.2 市场细分

5.2.1 老年人消费者

重庆市 60 周岁以上的老年人口在 100 万人以上，即每 6 个重庆市人当中就有 1 个老人。人到了老年，就容易缺乏各种维生素和微量元素，是最需要补充营养的人群之一。

5.2.2 儿童市场

儿童成长需补充各类营养物质，而"翠林 CuiLin"绿壳土鸡蛋内含有 DHA、卵磷脂、钙、铁、锌等物质对解决儿童厌食、智力发展缓慢、免疫力低下有着明显的效果，有助于儿童及时补充成长成长过程中所需的各种维生素和微量元素。

5.2.3 孕妇市场

孕妇在待产期间对营养的要求非常高，而且孕妇在待产期间食用高营养的食品有助于胎儿的智力开发。

5.2.4 患者市场

主要为手术患者、产妇、久病初病愈者，这类人群的身体都比较虚弱，急需大量补充营养，而高营养"翠林 CuiLin"绿壳土鸡蛋和土鸡恰好能满足此类的需要。

6. 农场效益分析

綦江区大罗山家庭农场按照 18 月龄生产模式生产的生态鸡，每只鸡平均销售收入为 125 元，每只鸡销售鸡蛋收入为 180 元，每只鸡平均利润为 130 元。饲喂 5 000 只生态鸡，整年生态鸡家庭农场的盈利为 65 万元。

经过分析可知，饲养生态鸡养殖效益十分可观。重庆市生态环境优越，荒山林地资源丰富，发展优质放养生态鸡具有得天独厚的天然优势，适度发展优质生态鸡产业是当地农民实现农业增效、农民增收的一条切实可行途径，经济效益、生态效益、社会效益十分显著。

伊拉 A

伊拉 B

伊拉 C

伊拉 D

彩图 1-1-1　伊拉配套系 (重庆阿兴记提供)

标准白母兔（PS19）

标准白公兔（PS39）

彩图 1-1-2　伊普吕标准白

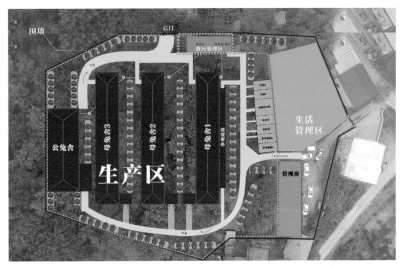

彩图 1-2-1　渝北区统景长堰村肉兔健康养殖示范场平面布局图

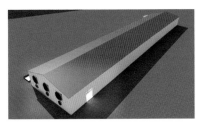

彩图 1-2-2　普通兔舍外观效果图

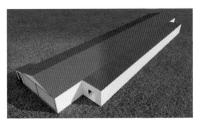

彩图 1-2-3　兔舍外观效果图（带参观通道）

彩图 1-2-4　兔舍外部效果图（湿帘）

彩图 1-2-5　兔舍外部效果图（风机）

彩图 1-2-6　兔舍内部兔笼效果图

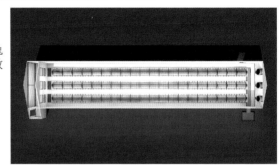

彩图 1-2-7　兔舍内部兔笼排列效果图

彩图 1-2-8　兔舍内部效果图（换气）

彩图 1-2-9　兔舍内部效果图

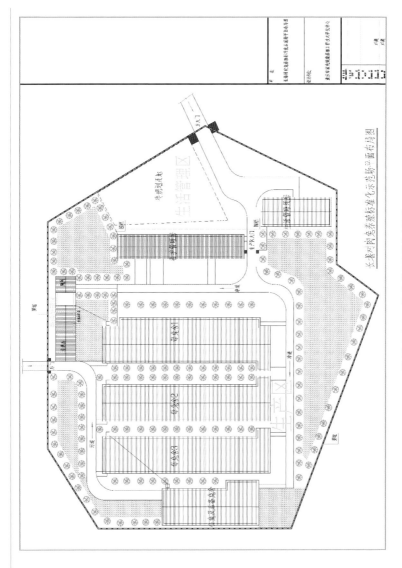

彩图 1-3-1　兔舍总平面布局图

彩图 1-3-2 母兔舍平面图

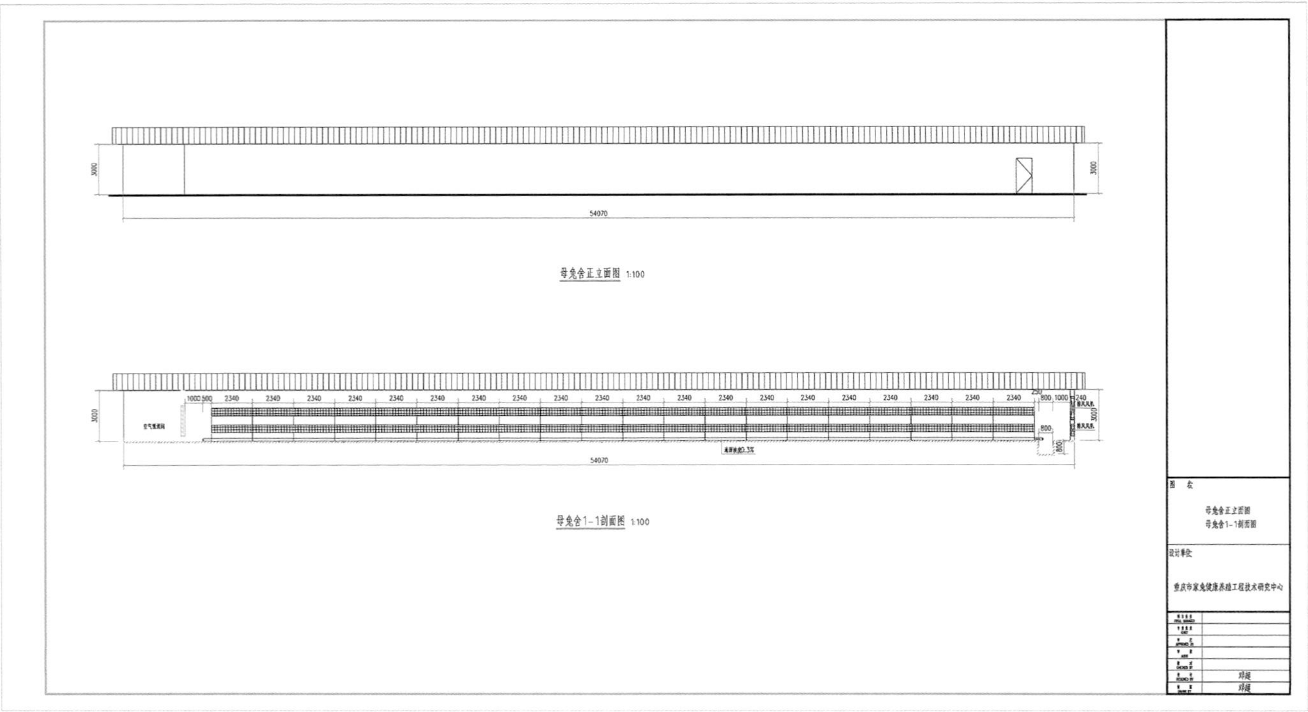

彩图 1-3-3　母兔舍立剖图

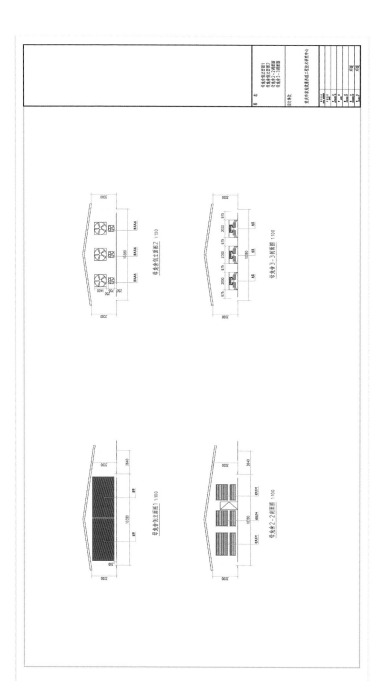

彩图 1-3-4 母兔舍侧面图

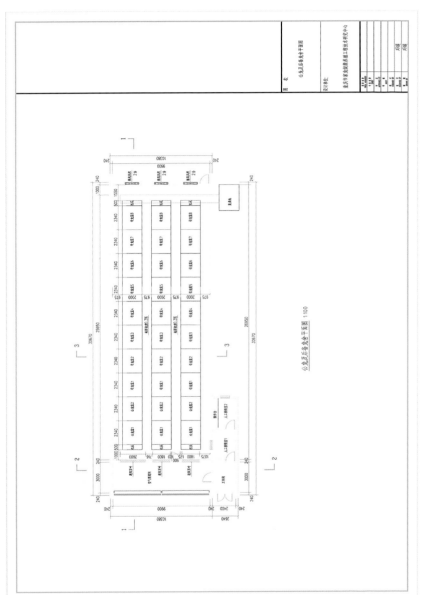

彩图 1-3-5　公兔及后备兔舍平面图

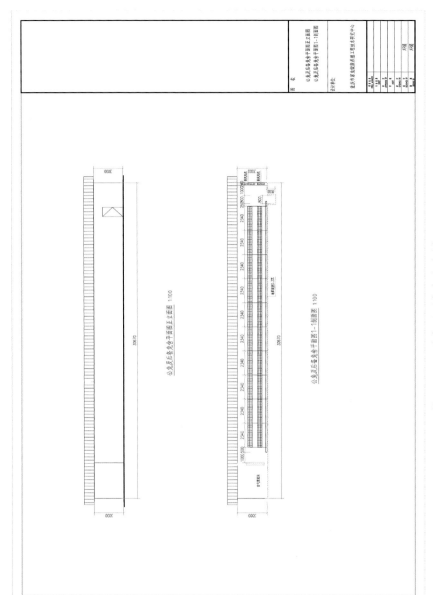

彩图 1-3-6　公兔及后备兔舍立剖面图

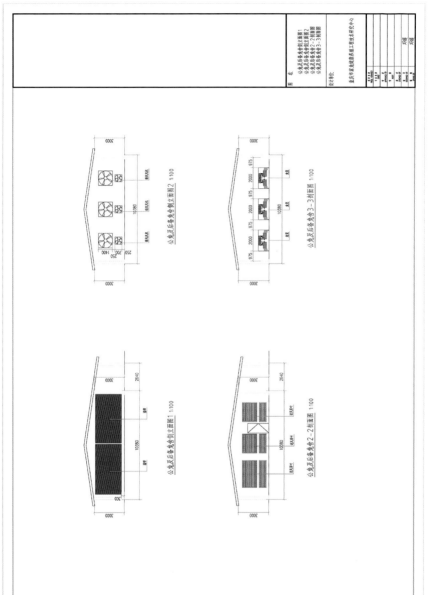

彩图 1-3-7　公兔及后备兔舍侧面图

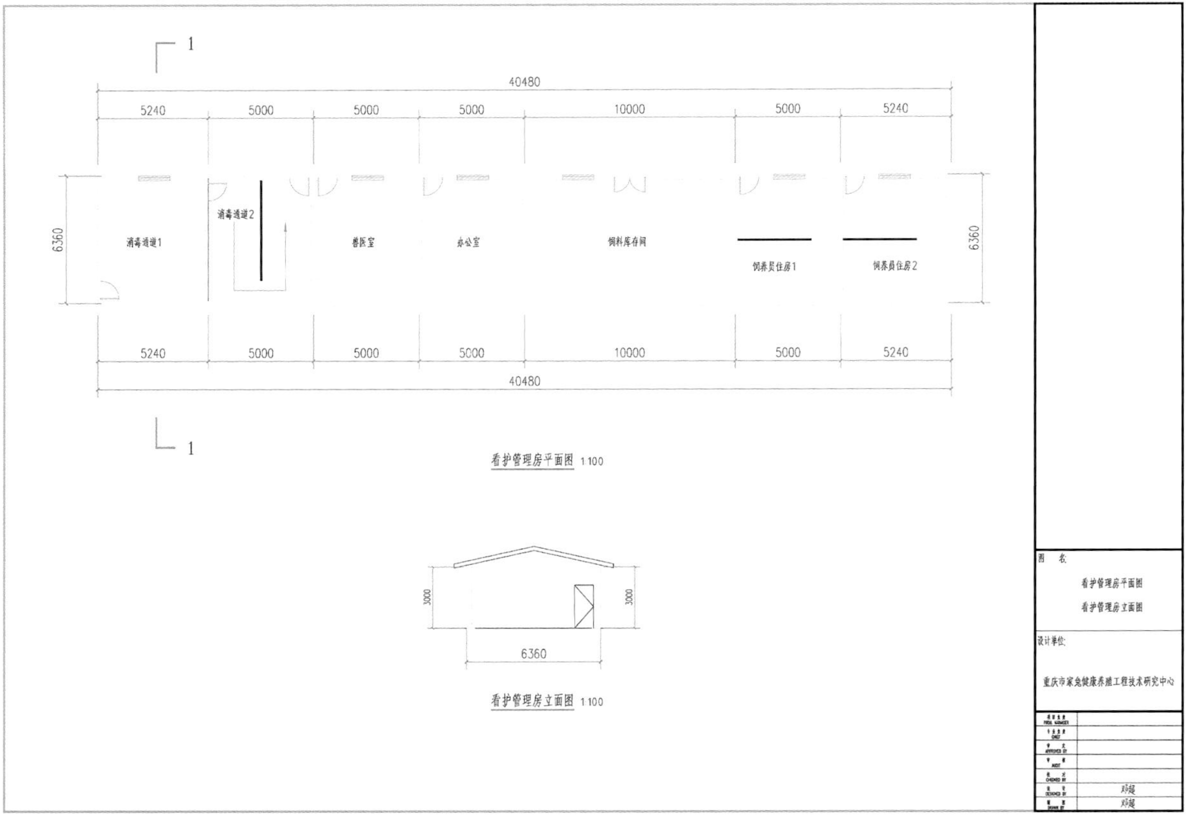

1
40480
5240
5000
5000
5000
10000
5000
5240
6360
消毒通道1
消毒通道2
兽医室
办公室
饲料库存间
饲养员住房1
饲养员住房2
6360
5240
5000
5000
5000
10000
5000
5240
40480
1
看护管理房平面图 1:100
3000
3000
6360
看护管理房立面图 1:100
图 名:
看护管理房平面图
看护管理房立面图
设计单位:
重庆市家兔健康养殖工程技术研究中心
邓超
邓超

彩图 1-3-8　看护管理房平立图

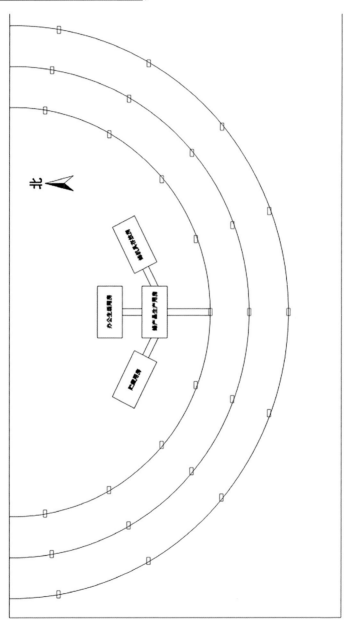

北

办公生活用房

蜂产品生产用房

蜂具贮存室

饲养人员技术用房

彩图 2-3-1

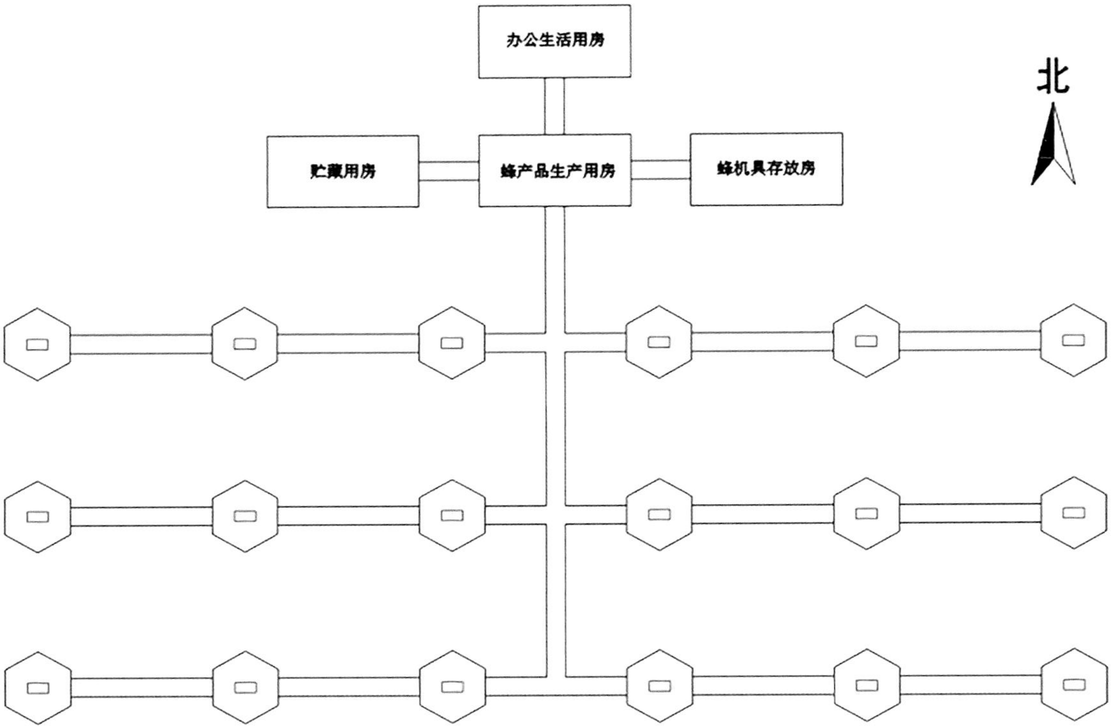

办公生活用房　蜂机具存放房　蜂产品生产用房　贮藏用房

北

彩图 2-3-2

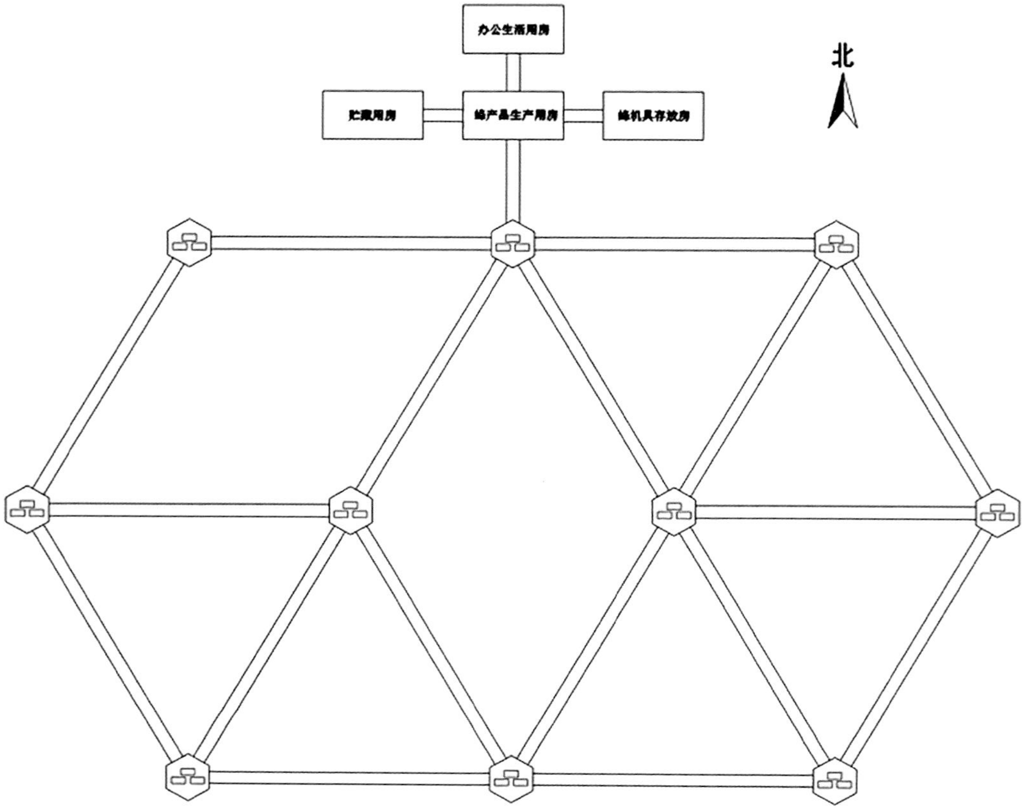

北

办公生活用房

纲产品生产用房

锚机具存放房

纪捡用房

彩图 2-3-3

彩图 2-3-4

彩图 2-3-5

彩图 2-3-6

彩图 2-3-7

家庭农场布局图实例

彩图 2-3-8 冒咕村中蜂家庭农场（蜂园）平面布局效果图

彩图 2-3-9

彩图 2-3-10

彩图 2-3-11

彩图 2-4-1　大足区冒咕村中蜂家庭农场大门

彩图 2-4-2　大足区冒咕村中蜂家庭农场文化长廊

彩图 2-4-3　大足区冒咕村中蜂家庭农场规划图

彩图 2-4-4　大足区冒咕村中蜂家庭农场建成后鸟瞰图

彩图 2-4-5　大足区冒咕村中蜂家庭农场活动场地

彩图 2-4-6　大足区冒咕村中蜂家庭农场旅游资源(陈家大院)

彩图 3-3-1　城口山地鸡

彩图 3-3-2　大宁河鸡

彩图 3-3-3　南川鸡

彩图 3-3-4　大发鸡

彩图 3-3-5　五黑一绿鸡

彩图 3-3-6　三黄鸡

彩图 3-3-7　家庭农场鸡舍

彩图 3-3-8　生态鸡饲养环境

彩图 3-3-9　农场绿壳鸡蛋

重庆市推进巩固脱贫攻坚成果同乡村振兴有效衔接畜禽家庭农场技术手册

牛羊家庭农场养殖技术

（2021版）

重庆市畜牧技术推广总站 编

中国农业出版社

北　京

图书在版编目（CIP）数据

牛羊家庭农场养殖技术：2021 版/重庆市畜牧技术
推广总站编 . —北京：中国农业出版社，2021.8
（重庆市推进巩固脱贫攻坚成果同乡村振兴有效衔接
畜禽家庭农场技术手册）
ISBN 978-7-109-28128-8

Ⅰ.①牛… Ⅱ.①重… Ⅲ.①养牛学－手册②羊－饲
养管理－手册 Ⅳ.①S82-62

中国版本图书馆 CIP 数据核字（2021）第 066191 号

中国农业出版社出版
地址：北京市朝阳区麦子店街 18 号楼
邮编：100125
策划编辑：全 聪 王陈路
责任编辑：陈 亭 文字编辑：黄璟冰
版式设计：李 文 责任校对：吴丽婷
印刷：北京通州皇家印刷厂
版次：2021 年 8 月第 1 版
印次：2021 年 8 月北京第 1 次印刷
发行：新华书店北京发行所
开本：850mm×1168mm 1/32
总印张：8.75 插页：8
总字数：195 千字
总定价：58.00 元（全 3 册）

《牛羊家庭农场养殖技术》
编 写 组

主　　　编：李发玉　贺德华
副 主 编：王永康　李晓波　张　科
编写组成员：张　科　尹权为　张璐璐
　　　　　　陈东颖　程　尚　樊　莉
　　　　　　朱　燕　李晓波　蒋林峰
设　　　计：刘　良
审　　　稿：王永康　李发玉

PREFACE
前言

发展多种形式适度规模经营，培育新型农业经营主体，是增加农民收入、提高农业竞争力的有效途径，是建设现代农业的前进方向和必由之路。发展家庭农场是小农户与现代农业有机衔接的重要体现。为指导家庭农场标准化生产，提升经营管理水平，促进家庭农场健康发展，重庆市畜牧技术推广总站分别以生猪、牛羊、特色畜禽（肉兔、中蜂、生态鸡）为重点，组织科技人员编写了《重庆市推进巩固脱贫攻坚成果同乡村振兴有效衔接畜禽家庭农场技术手册》，包括《生猪家庭农场养殖技术》《牛羊家庭农场养殖技术》《特色畜禽家庭农场养殖技术》3个分册。

《牛羊家庭农场养殖技术》主要介绍肉牛、山羊两种家庭农场的养殖技术，分别介绍圈舍建造、品种选择、饲料配制、饲养技术、管理技术、疫病防控、废弃物处理与利用方面的内容，并提供了牛、羊家庭农场投资分析、营销方式及圈舍设计施工图等内容。

本书通俗易懂，并附有典型案例，具有实用性和可操作性。对初学者或刚涉及养殖领域的创业者具有较强的技术指导作用。

本书在编写过程中得到重庆市畜牧技术推广总站参编人

员及设计人员的支持，同时感谢站外相关工作人员的辛勤劳动。由于时间仓促，错误之处难免，敬请指正。

编　者

2021 年 8 月

有关投入品使用的声明

  随着畜牧兽医科学研究的发展、饲料兽药等投入品使用经验的积累及知识的不断更新，投入品使用方法及用量也必须进行相应的调整。建议读者在阅读本书介绍的投入品使用之前，详细参阅厂家提供的产品说明以确认推荐的方法、用量、禁忌等，并遵守饲料、药物等投入品安全注意事项。执业兽医有责任根据经验和对患病动物的了解程度，决定药物用量和最佳治疗方案，饲养人员有责任按照产品使用说明规范饲喂。本书编者对动物治疗和饲喂过程中所发生的损失或损害，不承担任何责任。

编 者

2021 年 8 月

CONTENTS 目录

前言

第一部分　肉牛家庭农场养殖技术

　　重庆市肉牛养殖以母牛和育肥牛养殖较多，而以肉牛饲养为主的家庭农场养殖模式和生产技术，适用于年出栏50头商品肉牛的家庭农场。本分册分析了50头肉牛家庭农场投资概况（附件1-1），推荐了活牛营销方式（附件1-2）。供养殖肉牛的家庭农场参考。

1 肉牛圈舍建造技术

1.1 选址与布局

1.1.1 选址

（1）肉牛圈舍的场址宜选择在政府规划的适养区域，土地使用符合当地畜禽养殖用地利用规划、村镇建设规划和国家环境保护相关法律法规。

（2）场址应满足建设工程所需的水文地质和工程地质条件；场地土质可选择透水性强，吸湿性好，以沙壤土、沙土为宜。

（3）场址应符合动物防疫条件，宜选在土地坚实、地势高燥、平坦、排水好、易通风、背风向阳，坐北朝南或南偏东，避开冬季风口、低洼易涝、泥流冲积的地段，建场周边饲草饲料充足；在丘陵山地建场时，宜选择向阳坡。

（4）场地须达到水源充足，水质好，取用方便，满足生产、生活用水；根据牛场设备需要，确保电力充足。

（5）场区周围 3km 内无其他屠宰场、畜禽场，没有河流流域，畜产品加工厂或大中型工厂等，距城市 20km 以上，离主干道 1 000m 以上。要求交通便利，与外界有专用道路相连接。

（6）场址及周围应具有粪污处理的设施或消纳吸收粪污的土地。

1.1.2 布局

肉牛家庭农场按功能布局，分为生活管理区、生产区、隔离区和粪污处理区等功能区，各功能区界限分明，功能区间距不少于 30m，并设有防疫隔离带。

（1）生活管理区。建在常年主导风向及地势较高处，含办公、生活等设施。

（2）生产区。位于场内中间区域，主要包括牛舍、入场处设施、草料库、青贮池和兽医室等，其中，入场处设施包括入口大门、人员消毒室、更衣室和车辆消毒池。同时，根据牛舍建筑类型和生产实际情况，相应设置采食、饮水、通风、降温和保暖等设施设备。

（3）隔离区。在场区下风向或侧风向地势较低处，包括隔离牛舍。

（4）粪污处理区。主要包括储粪场、污水处理池等。

1.2 牛舍建设

1.2.1 建筑类型

家庭农场的牛舍可采用拴系式牛舍或围栏式牛舍两种。其中，围栏式牛舍用于育肥牛时，在牛舍内不拴系，高密度散放饲养，牛自由采食、自由饮水的一种育肥方式；围栏式牛舍多为开放式或棚舍，并与围栏相结合使用。牛舍建筑形式有开放式、半开放式、封闭式，一般在高山地区选择封闭式，牛舍但要注意通风换气；屋顶可采用单坡、双坡等形式。

1.2.2 建筑材料

牛舍墙体可采用砖混结构或轻钢结构，地面用砖、石或水泥，顶棚材料可采用彩钢加隔热板或树脂瓦，圈舍面积与屋顶面积应为1:（1.2～1.5）；牛栏应采用结实的钢管。

1.2.3 建造要求

具体的牛舍建造设计可参考附件1-3。

（1）占地面积。牛舍的占地面积可按照繁殖母牛 $6m^2$/头以上，育肥牛 $5m^2$/头以上，犊牛 $3m^2$/头以上的标准设计建造。

（2）地基与墙体。建牛舍时地基深度为80～100cm，高出地面，与墙之间设防潮层。封闭式牛舍墙体可用页岩砖或水泥砖，墙体厚度不低于20cm，灌浆勾缝，距地面100cm高以下要抹墙裙，防止水气渗入墙体，提高墙的坚固性、保温性。

（3）长度、高度及屋顶。牛舍长度依据地势和养牛数量而定。屋顶可采用单坡式或双坡式。单坡式屋顶跨度较小，双坡式屋顶适用于较大跨度的牛舍，可根据饲养牛群的实际规模而定。屋顶高度为 5.0～6.0m，檐高度为 3.5～4.5m。

（4）牛床。牛床可选择单列式或双列式，牛床坡度为 3°～5°，牛栏采用结实钢管且高度至少 120cm。单列式牛舍内部依次为净道、食槽、牛床、粪沟、清粪道；双列式宜采用对头式牛床，中间朝两边依次为净道、食槽、牛床、粪沟、清粪道。拴系式牛床尺寸：能繁母牛用长度为 1.70～1.90m、宽度为 1.10～1.20m；育肥牛用长度为 1.80～2.00m、宽度为 1.00～1.20m。每头牛都用链绳或牛颈枷固定拴系于食槽或栏杆上，限制活动，且都有固定的牛床和槽位，饲槽端位置高。若采用垫料养牛，牛床垫料厚度为 40～60cm。牛床地面用水泥抹成粗糙花纹，结实且防滑，向粪沟适当倾斜。

（5）饲槽及饮水。饲槽设在牛床的前面，有固定式、活动式或通槽式等，以固定式水泥饲槽较为常见。饲槽外缘高 50～60cm，槽内缘高 35cm（靠牛床一侧），上端宽度 60～80cm，底部宽度 35～45cm，底部呈弧形。通槽式饲槽长度与牛床的宽度相同，其余尺寸与固定式水泥饲槽相同。每头牛饲槽旁距地面高度为 60～80cm 处设自动饮水装置，也可用水槽加装水龙头。为操作简便，节约劳力，应建高通道、低槽位的道槽合一式为好，即槽外缘和通道在一个水平面上。

（6）门窗。牛舍门高度为 2.0～2.2m，宽 2.0～2.5m，根据实际情况设单门或双开门，材质可用木质、铁质或卷帘门。封闭式牛舍窗户的高度和宽度 1.5～1.8m 为宜，窗台距地面高度不低于 1.2m。

（7）粪沟。牛床与污道之间设排粪沟。粪沟的宽度为 30～40cm，深度为 15～30cm，向化粪池一侧倾斜并与暗沟相接，连通舍外化粪池，化粪池离牛舍距离约 5m。

（8）过道。应分为净道和污道，净道主要用于饲料运输，污道用于清粪。依据投料方式来决定净道宽度，一般为 1.5～3.0m

（采用送料车投料的通道宽度不低于 2.5m）；污道宽度宜为1.5～
2.0m，路面应做防滑处理。

1.3 附属设施

1.3.1 生产辅助设施

（1）入场处设施。依据实际条件建设。大门宽 3～4m，以送
料货车通过为准，材质以铁质或不锈钢为宜。车辆消毒池最深处
为 30cm，宽度与大门一致。人员消毒通道可设置为长 3m、宽
2m，平层结构，可采用钢板房，也可采用页岩砖或水泥砖的砖
混结构，砖墙厚度至少为 18cm，内部水泥抹平或贴瓷砖，用墙
隔成 2 个相对独立的空间，分别是喷雾消毒室和更衣室。喷雾消
毒室采用喷雾或紫外线杀毒，脚底消毒池深度为 2～5cm，消毒
池内可放置棕垫或地毯等。更衣室内配置隔离防疫衣物和鞋套，
并安装人员消毒制度牌。

（2）草料库。草料库分为两部分，用于饲料加工机具存放
和饲草料加工储藏的区域，一部分作为草料堆积区，另一部分
作为精料加工区，两个区域相通的地方设置一台全混合日粮
（TMR）草料搅拌机、饲料粉碎机或多功能铡草粉碎机，作为
人工拌料区。屋顶可采用彩钢或石棉瓦（距地面高度 4m），墙
体可采用水泥砖，地面用水泥抹平，草料库面积至少 20m²，
长度和宽度应依地形而定，按每头肉牛需要 3～5kg/d 计算干
草储量。

（3）青贮池。青贮池搭建顶棚，屋顶可采用彩钢或石棉瓦
（距地面高度为 4～5m）；青贮池底部从里向外要有坡度（2°～
5°）；墙体采用钢筋混凝土结构，墙体厚度大于 24cm，长边中间
加一根与墙体厚度一致的构造柱，墙面、池底用水泥抹平，青贮
池门可采用槽式厚木门板，青贮池容积按每头牛 3～4m³ 修建
为宜。

（4）蓄水池。建设蓄水池可选择方形或圆形，体积按照每头

牛每天需要 40～60L，储水量按可连续使用 30d 计算为宜。池身可选择页岩砖或混凝土修建，墙厚为 24cm，用水泥砂浆护壁；池底用 C20 混凝土护底，厚度 20cm。

1.3.2 隔离牛舍

用于患病肉牛、新购入肉牛的隔离。隔离牛舍修建可采用砖混结构或轻钢结构，地面用砖、石或水泥，顶棚材料可采用彩色钢板加隔热板或树脂瓦，牛栏应采用结实的钢管。高山地区选择封闭式牛舍，修建要求可与健康牛舍一样。隔离牛舍面积不小于 $20m^2$。

1.3.3 粪污处理区

粪污处理区包含储粪场、污水处理池等设施。污水处理池至少距牛舍 6m，其容积根据牛的数量而定，舍内粪便必须每天清除干净，运至牛舍外的储粪场；储粪场距牛舍至少 50m。配套修建干粪堆放区、化粪池、沉淀池、粪污还田管等设施。

（1）干粪堆放区。干粪堆放棚屋顶宜采用透明阳光棚，面积不低于 $50m^2$，高度不低于 44m；堆放区地面和墙面用水泥抹平，四周用水泥砖作墙体，墙高 1.5～2.0m，墙厚至少为 24cm。

（2）化粪池。要求做到防渗防漏、宜建成三级沉淀池，有效容积不低于 $30m^3$；化粪池以修建在地面下为宜，四周用水泥砖或混凝土作墙体，地底和墙面用水泥抹平，不漏和渗透，用水泥、钢筋倒板密封，厚度为 8～10cm。

（3）沉淀池。沉淀池用于化粪池沼液至消纳地的中间存储处，建造时应防渗防漏，具备安全措施，保证管网提灌正常进行。沉淀池体积为 $20m^3$，（长×宽×高＝5m×2m×2m）地面和墙面用水泥抹平，四周用水泥砖或混凝土作墙体，墙厚为 12cm。

（4）粪污还田管网。连接化粪池、沉淀池以及田地之间的管道，材质宜采用 PPR（或 PE）管材等耐用抗高压材料，田地内主管道直径不小于 50mm，支管直径 30mm，有水泵、进出水设施，并正常使用。

（5）粪污消纳地。主要用于粪污消纳，消纳产物用于种植牧草、水果、蔬菜等农作物。

1.4　设备选型

1.4.1　饲料粉碎机或TMR饲料机设备要求

根据自身条件选购饲料粉碎机或TMR饲料搅拌机。购置饲料粉碎机设备1台（生产能力0.5～0.8t/h），用于玉米等原料加工粉碎，TMR饲料搅拌机可以选择容量为1.0～3.0m³的型号。

1.4.2　揉丝机设备要求

购置揉丝机1台，用于加工玉米秸秆等青贮饲料，加工量1.0～1.5t/h，功率3kW。

1.4.3　手扶式旋耕机设备要求

购置手扶式旋耕机1台，用于饲草地旋耕平整等，可选用7～10hp的型号。

1.4.4　挤压式固液分离机要求

挤压式固液分离机1台，用于污水进入池之前有效降低污水COD、BOD的含量，处理粪污能力8～10 m³/h为宜。

1.5　环境控制要求

1.5.1　温湿度

肉牛最适合温度是9～17℃，温度低于0℃或高于24℃，均对肉牛有一定影响，尤其是高温高湿的环境，对牛的生长影响较大。育肥牛、繁殖母牛牛舍的相对湿度应小于85%，哺乳牛和犊牛牛舍的相对湿度应小于75%。

1.5.2　光照

牛舍内光照适宜，能够促进肉牛生长，增强免疫力，对肉牛生长起到重要的调节作用。阳光中紫外线对动物有热效应作用，照射部位因受热而温度升高。因此建造牛舍顶棚时，应考虑多增加自然光照。牛舍采光可分为自然采光和人工采光两种，自然采光是温度调节的重要手段，牛舍采光系数以 1：（12~16）为宜；人工采光需要安装照明设备，光源主要有白炽灯和荧光灯两种，牛舍内光照时间每天宜在 16h 以上。

1.5.3　有害气体

要注意空气中氨气、硫化氢、二氧化碳等有害气体对肉牛生产的危害，牛舍中二氧化碳含量不超过 0.25%、氨气不超过 0.002 6ml/L、硫化氢不超过 0.001%。

1.5.4　噪声

肉牛在较强噪声环境中生长发育缓慢，繁殖性能不良。一般要求牛舍噪声水平白天不超过 90dB、夜间不超过 50dB。

2 肉牛品种选择技术

2.1 品种选择

2.1.1 选择原则

养牛成功的关键因素之一在于肉牛品种选择，只有选择适合当地养殖方式、消费习惯、适应性好、增重快的肉牛，才能获得理想的效益收入。

（1）养殖方式。养殖方式主要分为放牧和圈养两种。在山地、丘陵放牧要选择体型小、草料需求量低、蹄质结实、适合爬坡的品种，例如各地地方黄牛品种及其低代杂交牛，而体型大、长势快的良种肉牛（西门塔尔牛、夏洛莱牛等）则不太适合山地、丘陵放牧。圈养选择引进的肉牛品种如西门塔尔、安格斯及高代杂交牛，因圈养的成本远高于放牧，因此应尽可能选择长势快的良种肉牛及高代杂交牛品种。

（2）消费习惯。主要看饲养的肉牛将销往何地。对于北方地区，在本地黄牛或良种肉牛之间最好选择屠宰出肉率高的良种肉牛，因此销售地为北方的，应以良种肉牛为主。在南方地区，喜欢本地黄牛生产的杂交肉牛，不仅售价高而且比良种肉牛好销售。

（3）适应性。养殖的肉牛须与当地自然资源和环境条件相适应，如果当地自然环境条件与引入地差距太大，肉牛无法适应，经济效益也不会很理想。比如，农作物秸秆较多的区域可饲养西门塔尔牛等品种的改良牛，为产粮区提供架子牛，以获取较佳经济效益；在酿酒业与淀粉业发达的地区，可充分利用酒糟、粉渣等农副产品，购进架子牛进行专业育肥，能大幅度降低生产成本，取得较好的经济收益。

（4）产肉性能。在满足以上 3 个条件的同时，尽可能选择长势快、产肉性能好的牛品种。首先看品种，良种肉牛比本地黄牛长得快，要利用西门塔尔牛、安格斯牛、利木赞牛等良种肉牛优势，与本地黄牛生产杂交肉牛。其次看个体，在买牛时一定要挑选头大颈粗、四肢粗壮、体躯长而宽的牛，特别是骨架大的架子牛。最后看饲养管理，即使再好的品种，再好的个体，若不懂饲养管理，养牛效益也不会好。

2.1.2 架子牛来源及选择

（1）牛源地选择。首先要根据自身情况，选择适合肉牛品种改良好的地区以及合适的改良品种。其次要选择具备气候差异不大、运距适中、价格合理、牛的质量好、属于非疫区这些条件作为牛源采购地。最后是选择干净、卫生、管理好的牛源地市场，可从母牛饲养户直接选购健康牛。

（2）架子牛选择。育肥牛要利用杂交优势，如用西门塔尔、安格斯牛等优秀肉公牛与本地黄母牛配种，产出的一代或二代杂交肉牛，生长速度快，饲料利用率高，效益明显。选牛时应注意：第一，要选择来源和品种清楚的健康架子牛，牛要营养良好，精神活泼，反应敏捷，被毛光亮，步态稳健，口腔黏膜淡红，舌苔红润，鼻镜温润，体温、呼吸、心率正常，重大动物疫病免疫有效，无发热、喘气、咳嗽、腹泻等发病症状。第二，是育肥牛年龄选择宜与育肥方式相结合，采取直线育肥以断奶至1岁犊牛为宜，短期育肥以1～2岁架子牛为宜。第三，是育肥牛可选择培育品种、地方品种和杂交牛，宜选择国外纯种肉牛作父本与国内优良黄牛品种的杂交后代。第四，是选择的育肥牛杂交代数越高越好，公牛育肥效果优于母牛。第五，优先选择未去势的公牛，其次选择去势公牛，不宜选择母牛育肥。

2.2 品种介绍

2.2.1 引入品种

（1）西门塔尔牛。西门塔尔牛（见彩图1-1）原产于瑞士阿尔卑斯山区，属于乳肉兼用牛品种。我国利用西门塔尔牛与本地黄牛杂交，于 2002 年育成"中国西门塔尔牛"。20 世纪 80 年代，重庆引进西门塔尔牛冻精改良本地黄牛，21 世纪初，确定该品种为改良重庆本地黄牛的适宜杂交父本之一。主要是引入冻精改良本地黄牛，用于肉用生产，为目前重庆地区肉用杂交的主要父本，利用较多的有丰都县、彭水县等地。

（2）红安格斯牛。红安格斯牛（见彩图 1-2）由美国、澳大利亚在安格斯牛的基础上选育形成，属于肉用牛。21 世纪初，重庆引进红安格斯牛冻精与川南山地牛杂交，并确定为改良重庆本地黄牛的适宜杂交父本之一。重庆市于 2002 年 11 月，从澳大利亚引进红安格斯种牛 34 头（公牛 5 头、母牛 29 头）；2011 年 6 月，从甘肃引进红安格斯种母牛 40 头。红安格斯种牛分别饲养在云阳县、万州区，红安格斯牛的杂交后代主要集中在丰都县。

2.2.2 本地品种

（1）巴山牛。巴山牛主产于四川省、重庆市、湖北省、陕西省交界的大巴山山区。重庆市主产区在开州和城口县，分布于云阳县、巫溪县等区（县）；主产区草山草坡面积大，牧草种类多，产量高，四季常青；野生杂草也较多，为巴山牛的形成提供了物质条件。因分布于大巴山山区而得名，属役肉兼用型黄牛地方品种。

①体型外貌：被毛颜色有黄色（纯黄、深黄、褐黄）、黑色两种，以黄色为主（见彩图 1-3～彩图 1-6）。头部平直，面部平整，轮廓清晰。公牛头雄壮，额较宽短，角基较粗、微扁，角尖相对较尖，角质细致、紧凑坚硬，角型多样，多为弯"八"字向内向前微弯（俗称招财角）。母牛头清秀，脸面较长，细致，母牛角相对较短，角基圆细，角尖为钝圆形，向前向上微弯曲。耳呈尖叶型，似半卷筒枇杷叶，大小适中，耳缘毛细密而长。嘴宽阔裂浅，上下唇整齐厚实。鼻梁直，鼻孔大，鼻镜宽广，除黑牛以外多为肉色，少数为黑褐色。眼大有神，似如桐子。

公牛颈较厚短，肩峰明显，头颈、颈躯结合良好，垂皮欠发达，从下颌至前胸有较小皱褶，肩峰明显。母牛颈较薄、细长，肩峰不明显，垂皮不发达，皱褶少。体躯细致紧凑，鬐甲高长不丰满，结合紧凑。公牛肩峰隆起，中躯较短，结实紧凑，背腰平直，腹圆大不下垂。母牛鬐甲不明显，肩部肌肉欠发达，肋骨开张，呈弓形，背腰平直而不宽阔，长短适中，结合良好，腹圆不下垂，尻部较短，稍微倾斜。尾长，粗细适中，尾尖毛细长，达飞节以下。前肢端正紧凑，肌肉较发达，后肢肌肉欠丰满，骨骼细致结实，四肢细长，筋腱明显，姿势端正，运步稳健，强壮有力，球节明显，系部与地面呈 50°左右角度，蹄形端正，蹄甲紧，蹄质致密紧固，多为铁青色。

②生产性能：成年公牛和成年母牛的体重分别为（334.06±45.04）kg、（281.07±45.54）kg，体高分别为（124.65±8.70）cm、（116.10±8.52）cm（以上数据由城口县农业委员会在 2008 年测定）。

巴山牛在 15～16 月龄达到性成熟，初配年龄，公牛为 30～36 月龄，母牛为 24～30 月龄。母牛发情季节性不强，多以春、秋两季交配繁殖为主，发情周期平均 22.4d，发情持续期 27h，妊娠期平均为 281d，一般 3 年产犊 2 胎，少数 1 年 1 胎，终生产犊 6～7 头。初生重：公犊 18.1kg，母犊 16.2kg；断奶重：公犊 102.8kg，母犊 92kg。哺乳期日增重：公犊 450～500g，母犊 350～500g；犊牛断奶成活率为 98.3%。在农户饲养条件下，成年巴山牛胴体重为（164.3±5.7）kg。

③生产用途：巴山牛主要作为役用，长期在粗放饲养管理下，能正常劳役，现已逐渐向肉、役兼用方向发展。巴山牛母牛与西门塔尔牛、海福特牛、安格斯牛等公牛杂交，杂种后代的日增重、屠宰率等指标都得到显著提高。

（2）川南山地牛。川南山地牛包括荥经黄牛、叙永黄牛和筠连黄牛，因处于同一生态环境下，主要特征和特性相似，属同种异名，在 1978—1983 年的第一次全国畜禽品种资源调查中被合称为"川南山地牛"，属小型役用型黄牛地方品种。川南山地牛中心产区位于四川盆地东南部边缘山区，重庆市中心产区位于丰都、彭水和黔江等区（县、自治县），分布于酉阳、秀山、石柱等自治县。由于山高路陡、田块狭小，牛只长期处于这种条件下被使役，形成体格较小、体质结实、行动灵活、体躯前宽后窄的特点。

①体型外貌：川南山地牛全身被毛短、粗、密且富有光泽，一般为黄色，也有黑色（见彩图 1-7、彩图 1-8）。黄色又分为草黄、褐黄、黑黄，黑色分为全黑和青黑两种。体躯细致紧凑，结构匀称，体型中等，体质结实健壮，全身肌肉发育良好。公牛头平直、较长、稍宽，眼大有神，角粗而短，角呈"八"字形，有"笋角""芋儿角"之分，头面宽大，显得雄壮，口岔深，颈粗且短，肉垂发达，皱褶较多，肩峰突出。母牛头面清秀，颈部稍长，鬐甲薄，角细长，状如龙爪，有"龙爪角"之称。牛背腰平直，腹大而不下垂，尻部长而宽，有倾斜。公牛前躯略高于后躯，睾丸发育良好，不下垂；母牛前躯与后躯略等，外生殖器端正，乳房较小，乳头分布匀称，胸深而宽。尾粗细、长短适中，尾尖长过飞节的 1/2，尾毛较多。四肢结实健壮，前蹄小而结实，呈木碗状，后蹄趾间微开，大小适中而圆，蹄质坚实，多呈蜡黄色或黑色。

②生产性能：川南山地牛成年公母牛的体重分别为（341.86±52.33）kg、（288.82±35.82）kg，体高分别为（118.36±4.03）cm、（111.68±4.36）cm（以上数据由丰都县畜牧兽医局在 2008 年测定）。川南山地牛公牛 1.0～1.5 岁性成熟，2.5 岁配种。母牛 1.5 岁开始发情，发情周期 19～21d，持续 22～57h，常年都有发情，但以春季较多。母牛 2～3 岁开始配种，妊娠 270～285d，繁殖年限 10～12 年，终生产犊 6～8 头，繁殖率 62.8%，犊牛成活率 95.7%。成年牛胴体重（172.1±27.6）kg。

③生产用途：川南山地牛以役用为主。2000—2006 年，川南山地牛经红安格斯牛、利木赞牛、西门塔尔牛等品种杂交改良后，其杂交一代牛的肉用生产优势更为明显，体尺、日增重、饲料利用率、屠宰率、净肉率、眼肌面积等指标都比川南山地牛高，具备开发优质高档牛肉的潜力。

2.3 生产模式

首先，选择西门塔尔牛、安格斯牛等优势良种肉牛，用良种肉牛冻精与巴山牛、川南山地牛等本地黄牛经人工授精生产杂交肉牛；其次，可以引进其他地区良种架子牛育肥生产优良杂交肉牛。

2.4 繁殖技术

主要通过西门塔尔牛、安格斯牛等良种肉牛的冻精，通过人工授精方式对本地黄牛进行改良，生产杂交肉牛。

3 肉牛饲料配制技术

3.1 日粮配制要求

3.1.1 配制原则

（1）配合饲料日粮要以饲养标准为依据。但标准不是一成不变的，使用时可根据季节、环境、饲料等具体条件进行调整。

（2）要以饲料成分为依据。各地的饲料，其营养成分稍有差异，有些差异还很大。需要参照本地区饲料样品的分析结果或自行分析后使用。蛋白质饲料，如鱼粉、豆饼等，最好采用实测值，因各种饲料的蛋白质含量常常差异很大。

（3）配合饲料日粮要注意饲料种类的多样化。这不仅有利于配制成营养全面的日粮，充分发挥各种营养成分的互补作用，还有利于提高各种营养物质的消化率和利用率。

（4）要注意饲料的品质。在选择购买饲料原料时，要符合质量要求，切忌用发霉、变质、掺假的饲料或被有害物质污染过的饲料配制日粮。

（5）要注意饲料的适口性。配制的日粮适口性好，牛才爱采食。

（6）要易于储存。配制的配合饲料需要储存一定时间，所采用的饲料要特别注意含水量。含水量高的饲料易发酵霉变，不易储存。

（7）要注意降低日粮成本。配制的饲料粮，既要能满足牛的营养需要，又要价格低廉。所采用的饲料，要就地取材，充分利用当地生产的营养丰富、价格低廉的饲料，以降低生产成本。

（8）要考虑牛的生理特点，注意日粮中精、粗饲料的比例。如粗料过多，容积过大，则饲料营养物质不够，不能满足牛的营养需要；如精料过多，不仅造成饲料浪费，还会带来消化系统疾病，引起酸中毒；按照营养需要量只投喂精料时，往往日粮容积不够，牛吃不饱。

3.1.2 常用饲料

肉牛常用的饲料可分为青绿饲料、粗饲料、精饲料、矿物质饲料、饲料添加剂。

（1）饲料种类。

①青绿饲料：包括新鲜青绿饲草、青贮饲料、块根块茎类饲料、瓜类饲料、野草野菜和枝叶饲料以及水生饲料等。

②粗饲料：主要指各种干草，农作物秸秆和秕壳。特点是体积大、粗纤维含量高、营养价值低。秸秆、稻草是最为常用的粗饲料，可以铡短后直接喂牛。

③精饲料：通常是指粮谷类、豆类与饼粕类、糠麸类和糟渣类等饲料。

④矿物质饲料：包括骨粉、食盐、贝粉等。

⑤饲料添加剂：包括维生素、微量元素、氨基酸添加剂，一般添加剂量较少，因为牛的采食量大，可以保证一部分微量元素的供给，牛的特殊消化结构能够自行生产一些维生素。

（2）本地饲料资源。养殖肉牛应充分利用当地饲草和饲料资源。重庆市当地秸秆资源丰富，每年的农作物秸秆，如玉米秆、高粱秆、稻草、红苕藤等，产量大，可以很好利用，同时黑麦草、饲用甜高粱、皇竹草等优质高产人工牧草被广泛种植应用。肉牛等反刍家畜对各种秸秆、饲草等粗纤维的消化率为50%～90%，对各种农产品副产物的利用度可达75%。重庆市江津及贵州省仁怀、四川省宜宾等地区具有丰富的白酒糟资源，重庆市肉牛养殖区域经常采购使用，优质白酒糟在肉牛日粮中可以代替50%左右的全日粮，可减少精料消耗20%左右，降低养殖成本30%左右。酒糟具有芳香气味，适口性好，适当饲喂具有刺激采食、改善消化功能、提高增重的作用，但因酸度较大，不宜大量饲喂，可配合小苏打（碳酸氢钠）投料。

3.2　各类饲料调制

养牛较好的牧草有黑麦草、饲用甜高粱、高丹草、杂交狼尾草等。秸秆可利用玉米秸、稻草、豆秸、花生秧、红薯藤等。精料类有玉米、豆饼（粕）、麸皮、红薯等。为保证饲料的常年均衡供应，春、夏两季可种饲用甜高粱、杂交狼尾草，冬季可利用耕地种植黑麦草或其他草种等，分茬收割，鲜草饲喂。种植青贮玉米的，可在乳熟期后期、蜡熟初期采收，制作全株青贮饲料。通常情况下，断奶后肉牛生长 3～6 月龄每日每头可投喂青贮料 5～10kg，6～12 月龄 10～15kg，12～18 月龄 15～20kg；在秋收后可利用玉米秸、地瓜秧等农作物残体制作青贮饲料。其他作物的秸秆和稻草、红薯藤、花生秧、豆秸等，应全部妥善储存起来以备冬、春利用；有条件的地方可把所产的牧草尽量全部采收，晾晒后储存。饲草、秸秆等原料必须经加工调制的投喂，先切短（0.5cm 长）或粉碎，然后可采取如下方法：一是盐化后与精料混合饲喂；二是利用秸秆饲料微生物制剂发酵后饲喂；三是加尿素氨化处理后饲喂；四是青贮后饲喂，此法比较适合秋季刚收割的玉米秸。红薯、萝卜等块茎饲料是母牛、犊牛冬季补饲的较好饲料，可以室内堆藏或窖藏，喂前应洗净泥土，切碎后单独补饲或与精料拌匀后饲喂，切勿整块饲喂，以免造成牛的食道阻塞。精料类的粮食（如豆饼等），主要通过粉碎后作补饲用，喂量不要过多，否则易得病。

3.3　牛的饲料配制

3.3.1　母牛饲料配制

母肉牛的饲喂分为犊牛阶段、青年牛阶段、妊娠母牛阶段、哺乳母牛阶段。

（1）犊牛阶段。母犊牛的饲喂方法与公犊牛阶段的饲喂方法相同，主要以母乳为主。10d 后可饲喂柔软优质干草和容易消化的麦麸、玉米粉，或者市场上有售的犊牛开食料，15d 后犊牛可自由采食青干草。具体哺乳方案：出生后 30～50min 喂初乳 1.0～1.5kg；1～3d，每天喂乳 6kg；3～5d，每天喂乳 7.5kg。

（2）育成牛阶段。育成牛是小牛快速生长的时期，要保证日增重 0.4kg 以上，否则会使预留的繁殖用小母牛初次发情期和适宜配种年龄推迟。育成牛日粮以青粗饲料为主，可不搭配或少搭配混合精料；在枯草季节，应补喂优质青干草、青贮料，并适当搭配混合精料。育成牛饲料中矿物质的含量非常重要。钙、磷的含量和比例必须搭配合理，同时也要注意适当添加微量元素。育成牛舍饲的基础饲料是干草、青草、秸秆等青贮饲料，饲喂量为体重的 1.2%～2.5%，视其质量和大小而定，最好为优质干草，在此时期，可以以适量青贮之类的多汁饲料替换干草。替换比例应根据青贮料的水分含量而定。水分在 80% 以上的青贮料替换干草的比例为 4.5∶1，水分在 70% 的替换比例可以为 3∶1。在育成牛早期过多使用青贮饲料，可能导致牛胃容量不足，有可能影响生长，特别是低质青贮料更不宜多喂。12 月龄以后，育成牛的消化器官发育已接近成熟，同时母牛又无妊娠或产乳的负担，此时期投喂足够的优质粗料基本上可满足营养需要，如果粗饲料质量差，要适当补喂少量精料，以满足营养需要。一般根据青贮料质量补充 1～3kg 精料。日粮以粗饲料为主，精料占日粮的比例为 20%～25%；日粮中粗蛋白质含量为 12%。育成牛参考饲料配方：玉米 62%，糠麸 15%，饼粕 20%，骨粉 2%，食盐 1%，另外每千克混合精料添加维生素 A3000IU。

（3）妊娠阶段。前期（怀孕后 3 个月）胎儿发育较慢，怀孕母牛保持中上等膘情即可。饲料应以干草、青草为主，自由采食，禁喂腐坏、霉变的酒糟，以免导致母牛流产。中期（怀孕后 4～6 个月）可适当补充营养，每天补喂精料，但要防止母牛过肥而难产。后期（产前 2～3 个月）要加强营养，每天补充精料。临近产期的母牛应给予营养丰富、品质优良、易于消化的饲料。

产前半个月，将母牛移入产房，由专人饲养和看护，发现临产征兆，计算好预产期，准备接产工作。产前1～6h进入产间，消毒后躯，分娩时环境要安静。

妊娠阶段母牛日粮以青粗饲料为主，适当搭配精料。不能喂冰冻、发霉饲料，饮水温度不低于10℃。

（4）哺乳阶段。此期母牛需增加产奶量，以提高犊牛成活率。母牛分娩后先喂食麸皮温热汤，一般用30～40℃温水10kg，加麸皮500g，食盐50～100g及红糖250g，拌匀后喂食。母牛分娩后的最初几天，应喂容易消化的日粮，粗料以优质干草为主，根据牛的食欲情况，3～4d后就可以转为配合精料。转为配合精料时，应多喂优质的青草、干草和青贮饲料，配合精料饲喂。

3.3.2　育肥牛饲料配制

肥育后期是生长的高峰期，主要是脂肪沉积和肉质改善时期。肥育后期饲喂的配合饲料应以能量高的饲料为主。饲养时间6～8个月，分为育肥前期和育肥后期。育肥前期，日粮中精料比例占40%～50%，粗蛋白质含量11%，饲养期为3～5个月。育肥后期，日粮中精料比例占70%～80%，粗蛋白质含量为10%，饲养期应为2个月左右。

4 肉牛饲养技术

4.1 肉用犊牛饲养

首先是哺乳。肉用犊牛通常采用随母哺乳的方式。在犊牛出生后约0.5h，应帮助犊牛站起，引导犊牛接近母牛乳房吃奶，初生犊牛出生后0.5～1.0h内应吃上初乳。若母乳不足或产后母牛死亡，则需人工哺喂初乳。可用同期分娩的其他健康母牛代哺初乳或饲喂保存的初乳，也可人工配制初乳。人工初乳可按鲜牛奶1.5～2.0kg、生鸡蛋1～2个、鱼肝油3～5mL、金霉素40～45mg配制，充分搅拌，混合均匀后隔水加热至38℃饲喂。第一次哺喂应让犊牛吃饱，喂量为1.5～2.0kg；以后每日按体重的1/5～1/6计算初乳的喂量，每日喂3～4次，保证犊牛至少吃足3d初乳。

一般随母哺喂，保证犊牛哺乳量充足。若母乳不足或产后母牛死亡，则需人工哺喂常乳。一般使用鲜牛奶，每日喂量占犊牛体重的8%～12%，每日喂2～3次，奶温保持在38℃。犊牛长至7日龄后，可开始训练其采食犊牛料，初期可将犊牛料涂在犊牛嘴唇上诱其舔食，最初每日10～20g，以后逐步增加；犊牛能自行采食后，在犊牛栏内放置饲料盘，任其自由舔食；初期犊牛料不应多放，每日更换，保持饲料新鲜及料盘清洁，饲喂犊牛料时以湿拌料为宜。1月龄后可补喂多汁饲料，饲喂时应将多汁饲料切碎，每日喂量：初期20～25g，2月龄1.0～1.5kg，3月龄2～3kg。2月龄后可补喂青贮饲料，每日喂量：初期100～150g、3月龄1.5～2.0kg，4～6月龄4～5kg。犊牛长至断奶期后，采用母仔隔离的方法断奶。舍饲犊牛以2～4月龄断奶为宜，或犊牛每日能采食500～750g犊牛料时即可断奶。

4.2 肉用育成母牛饲养

肉用育成母牛饲养应以优质青粗饲料和青贮料为主，育成前期、中期、后期保持中等体况。一是 7 月龄至 1 周岁为育成前期，以优质干草和青饲料为主，精料补充料占日粮干物质量的 25%～30%。二是 1 周岁至初次配种为育成中期，以青粗饲料为主，精料补充料占日粮干物质量的 20%～25%。三是配种至初次分娩（初次妊娠期）为育成后期，包括妊娠前期（妊娠后 6～7 个月）、妊娠后期（妊娠最后 2～3 个月）。舍饲以优质干草、青草或青贮饲料为主，对没有达到中等体况的母牛每头每日补喂精料 0.5～1.0kg；妊娠后期，母牛适当减少粗饲料喂量，每头每日补喂精料补充料 2～3kg。

4.3 肉用繁殖母牛饲养

4.3.1 妊娠前期

即配种至妊娠 6～7 个月，以优质干草、青草、青贮饲料为主，搭配精料补充料 0.5～1.0kg，每日饲喂 2～3 次。妊娠前期棉籽饼用量不超过精料补充料的 10%，菜籽饼用量不超过精料补充料的 8%，鲜酒糟日喂量不超过 8kg。

4.3.2 妊娠后期

即母牛妊娠最后 2～3 个月，以青粗饲料为主，精料饲喂量应根据母牛体况和粗饲料品质确定，每头每日饲喂 1.5～2.0kg 精料补充料，妊娠后期不应饲喂棉籽饼、菜籽饼、酒糟。

4.3.3 分娩期

产前 15d 以优质干草为主，精料补充料喂量不超过体重的 1%；产前乳房水肿严重的母牛，宜减少精料补充料的喂量。产前 2～3d，精料补充料中麸皮用量增加至 50%～70%，宜将精料补充料调成粥状饲喂。采用低盐、低钙日粮，食盐的用量减低至精料补充料的 0.5% 以下，钙含量降低至日粮干物质量的 0.2%。分娩后宜立即给母牛喂温热的益母草红糖水：将 0.25kg 益母草在 15～20kg 水中煮沸，加入麸皮 1～2kg、食盐 0.05～0.10kg、碳酸钙 0.05～0.10kg、红糖 0.5～1.0kg。可连服 2～3d，每日 1

次。母牛产后以优质干草为主，控制精料补充料喂量，钙含量调整至日粮干物质量的 0.6%～0.7%；母牛产后 3～5d，若食欲良好、健康、粪便正常，可每头增加精料补充料喂量 0.5kg/d，同时每日每头增加青贮料喂量 1～2kg，每日精料补充料最大喂量不超过体重的 1.5%。一般产后 7～10d 的母牛可恢复至饲养标准饲喂。

4.4 架子牛饲养

架子牛饲养日增重可保持在 0.4～0.6kg，采用粗饲料和精料补充料搭配饲喂，周岁前精料占日粮干物质量的 40%～50%，周岁后精料占日粮干物质量的 20%～30%。推荐精料参考配方：玉米 55%～65%、麦麸 8%～13%、饼粕类 20%～25%、食盐 1%、骨粉 0.5%、石粉 0.5%，牛用添加剂适量。育肥后期根据需要增膘加油，可以按照强度育肥期饲料配方饲喂，同时添喂油脂，如体重在 650kg 以上西门塔尔牛，每天可添加 100～250g；如果需要降低肥油，可以减少精料喂量，适当添加粗饲料。良种肉牛育肥体重最高不宜超过 800kg，因为超过这个体重肉牛生长速度会大幅度降低。每天每头肉牛精料喂量宜在 3.0～3.5kg，加适量青干草（秸秆）混拌饲喂，精粗比例为 1：（2～3），日喂 2～3 次，并给以充足的清洁饮水。

5 肉牛管理技术

5.1 肉用犊牛管理

5.1.1 称重编号

在犊牛出生后吃第一次初乳前，称初生重并编号，以后根据需要早晨空腹称重。

5.1.2 饮水要求

每日给犊牛提供清洁饮水，出生后饮用 35～38℃的温开水，10～15 日龄后饮常温水。犊牛冬天饮温水，防止饮用冰渣水。1 个月后设置饮水槽。

5.1.3 分群

按犊牛出生时间、体质强弱分群；犊牛 6 月龄后应公、母分群饲养。

5.1.4 运动

犊牛出生后 7～10d，可放入运动场，每日自由活动 0.5h 以上；1 月龄后，每日可分上午、下午各运动 1 次，每次 1.0～1.5h，也可随母牛一起放牧运动。

5.1.5 卫生要求

犊牛圈应清洁、干燥，牛舍保持通风透气，温度适中，冬暖夏凉；牛舍应定期消毒，冬季每月 1 次，夏季每 10d 1 次。哺乳用具、补料槽、饮水槽等每次用完后刷洗干净，保持清洁，定期消毒。消毒液使用应符合安全规范的要求。

5.1.6 去角

采用化学法去角：出生后 10d 即可去角，用氢氧化钠去角，使用方法按产品说明执行。

采取电烙铁去角：适用于 3～5 周龄的犊牛。先保护好犊牛，将加热到 500℃的犊牛去角专用电烙铁压在犊牛角基部 15～20s，或者烙到犊牛角四周的组织变为白色止。

5.1.7 刷拭

对犊牛要做好全身刷拭，每日刷拭牛体 1 次，时间不宜过长。

5.1.8 防寒保暖

冬季注意犊牛舍的保暖，防止贼风侵入，犊牛栏内应铺柔软、干净的垫草。

5.2 肉用育成母牛管理

首先是分群，按性别、年龄、体重对育成牛进行合理分群，公、母分群，群内个体月龄差异不超过 2 个月，体重差异不超过 30kg。其次是舍饲，育成母牛每日运动不少于 3h，每日刷拭牛体 1～2 次。再次是保证育成母牛在每次采食后给予充足、清洁的饮水，水质符合 NY 5027 要求。最后是育成母牛在 16～18 月龄，体重达到成年体重 70% 时（本地母牛体重在 260～300kg，杂交母牛体重在 300～350kg）即可初次配种。应仔细观察母牛发情表现并记录，及时配种。

5.3 肉用繁殖母牛管理

5.3.1 妊娠母牛管理

防止妊娠母牛间相互挤撞，不鞭打、驱赶母牛，不使役；保证充足、清洁饮水，水质应符合 NY 5027 要求，冬季水温不低于 10℃，每日刷拭牛体 1～2 次，每日运动 2h 左右；分娩前 1 个月内应注意观察母牛是否具有乳房膨大、外阴部肿胀等分娩征兆，有分娩征兆的母牛，应进入产房做好生产准备。

5.3.2 分娩母牛管理

分娩前应将产房打扫干净，用 2% 氢氧化钠水溶液泼洒消毒，铺垫清洁卫生的垫草；保持产房清洁、干燥、安静，产房要备有消毒药品、毛巾和接生用器具等。母牛表现出精神不安、停止采食、起卧不定、后驱摆动、频频排尿、回头、鸣叫等临产征兆时，可用 0.1%高锰酸钾液擦洗后躯。应使母牛左侧躺卧或站立分娩。若发现异常，应请兽医助产。分娩后应随即驱赶母牛站起，及时更换垫草，观察胎衣排出情况；胎衣排出后，用 1%～2%的来苏儿溶液对母牛外阴进行清洗、消毒。分娩后乳房水肿严重的母牛，每天用热毛巾热敷、按摩乳房 1～2 次，每次 5～10min；适当控制饮水量；母牛产后 7d 内应饮 37℃的温水，1周后饮常温水，水质清洁卫生。

5.4 架子牛管理

5.4.1 架子牛管理

宜按性别、年龄、体况等指标分群，公犊牛宜在 6 月龄时去势，每天刷拭牛体 1～2 次，舍饲架子牛每天运动 1h 以上，架子牛宜在冬、春季进行体内和体外驱虫。驱虫常用敌百虫、阿维菌素等，所用药物须符合兽药使用的安全规定。育肥前在驱虫后的第三天进行健胃，健胃常用人工盐，用量 100～200g/d。

5.4.2 适时出售

经过 3～6 个月的育肥，当肌肉丰满，皮下脂肪附着良好，体重在 500kg 左右时及时出售。

5.4.3 记录

每群肉牛都要有相关的资料记录，其内容包括：肉牛来源，饲料消耗情况，发病率、死亡率及发病死亡原因，消毒情况，无害化处理情况，实验室检查及其结果，用药及免疫接种情况，肉牛去向等。所有记录须妥善保存。

5.5 牧草种植利用技术

优质牧草应选择黑麦草、饲用甜高粱等，青贮饲料应选择用于青贮的高产优质玉米秸秆等。

播种方法上可择撒播、条播、混播、间播等。

黑麦草应在 9 月中、下旬和 10 月秋季播种，最迟在 11 月中旬前；饲用甜高粱每年 3—5 月春季播种为宜。

将收储的玉米秸秆、饲用甜高粱等原料制成青贮饲料，作为越冬饲料储备及利用。

5.6　TMR 饲料加工利用

具备一定规模和经济实力的家庭农场，可采用 TMR 饲喂方法。

5.6.1　配制方法

主要是将牧草与精料进行混合配制成 TMR 饲料，一般遵循先干后湿，先精后粗，先轻后重的原则，饲料添加顺序有干草→精料→颗粒粕类→青贮，多汁类饲料→湿糟类→液体饲料或加水等。采用立式饲料搅拌车，则精料和干草添加顺序应颠倒。在饲料添加过程中，防止铁器、石块、包装绳等杂质混入搅拌车。搅拌装载量占总容积的 70%～80%。一般情况下，搅拌时间在最后一种原料加完后再搅拌 5～8min，确保搅拌后 TMR 中至少有 15% 的粗饲料长度大于 3.5cm。TMR 水分含量以 45%～50% 为宜，质量外观评价主要是精饲料、粗饲料混合均匀，柔软松散，色泽均匀，新鲜不发热，无异味，无杂物，不结块。

5.6.2　饲喂要求

（1）投喂方式。饲料投喂可以采用人工或机械等方式。人工投喂可以将加工好的 TMR 转运至牛舍，由人工进行饲喂，应减少转运次数。机械投喂时应控制车行速度、放料速度，保证整个饲槽的饲料投放均匀，保证肉牛每日至少有 21h 能吃到饲料。

（2）投料时间。夏季应减少中午投料量，增加早上和晚上投料量；其他季节均衡投料。

（3）槽内剩料。每日观察肉牛的采食和剩料量，剩料量以占日粮的 5% 左右为宜，防止剩料过多或缺料。及时清扫饲槽，避免剩料发热、发霉。

（4）饲槽观察。采食前后的 TMR 在料槽中应基本一致，饲料不应分层，其中粗饲料与精料的料底外观和组成应与采食前相近；每日保持饲料新鲜，不得使用发霉变质的饲料；空槽时间每日不应超过 3h。

6　肉牛疫病防控

6.1　购入过程的防疫

6.1.1　购入计划

要根据当前家庭牛场的生产需求和生产目的，结合当地的自然气候条件，制定出切实可行的购入计划和方案，选择饲养适应本地自然、社会、经济条件且产肉性能好的优良品种。

6.1.2　购入检疫要求

（1）引种检疫。在国内异地引种时，严禁到疫区引种。要严格检疫，严格执行国家异地引种审批、检疫、消毒、隔离等制度，提供的场地检疫证、运输检疫证和运载工具消毒证等"三证"齐全；引种方应查看引种场的强制预防接种及免疫是否有效等情况。跨省引种应自觉申报检疫，提交检疫申报单、输入地动物卫生监督机构批准的《跨省引进乳用种用动物检疫审批表》，同时须具备输出地畜牧兽医主管部门签发的检疫证明和非疫区证明；必须从具有畜牧兽医主管部门核发的《种畜禽生产经营许可证》和《动物防疫合格证》的种场引进。

（2）架子牛购入检疫。应按国家规定对所有运输的架子牛申请检疫，加强口蹄疫、布鲁氏菌病、牛结核病等疫病的检疫，具有采购地兽医部门出具的防疫证明，每头牛应有免疫记录、佩戴免疫标识、产地检疫证明。按照国家规定办理"动物检疫合格证""非五号病疫区证""车辆出境证""车辆消毒证"等合格证件，做到一牛一证，手续完善，保证一路畅通。有条件者宜暂养观察5～10d，不得调运病牛。

（3）群体隔离。引入的牛应在购入地隔离场（区）观察至少30d，经确定为健康合格后，方可转入生产群。

6.2　饲养过程的防疫

6.2.1　驱虫

在春、秋季要驱除肉牛体内外的寄生虫。

6.2.2　卫生要求

做好牛舍卫生工作，及时清理粪便并进行无害化处理；对牛舍及周围环境要定期消毒，饲喂器具也要定期清洗消毒。

6.2.3　预防疫病传播

要做好杀虫、灭鼠、灭蚊工作，饲养场地附近不乱倒垃圾、粪便、污水，消除昆虫及老鼠的藏身之地，预防动物疫病的传播。

6.2.4　免疫接种

根据《中华人民共和国动物防疫法》及其配套法规的要求，结合当地实际情况，有选择地对肉牛进行定期预防接种和补种疫苗，并注意选择适宜的疫苗和免疫方法，并建立档案。

6.3　出售过程的检测

出售或者运输的肉牛应经所在地县级动物卫生监督机构的官方兽医检疫合格，并取得《动物检疫合格证明》后，方可离开产地。

6.4　病死牛无害化处理

业主是病死牛无害化处理的第一责任人，须按照《病死及病害动物无害化处理技术规范》等相关法律法规及技术规范建立场内无害化处理设施设备，进行场内无害化处理；有及时对病死牛进行无害化处理并向当地畜牧兽医部门报告牛的死亡及处理情况的义务。没有条件进行场内处理的，需由地方政府统一收集，进行无害化处理。如无法当日处理，需低温暂存。

6.5 个人防护

接触或可能接触动物疫情疑似或确诊病例及其污染环境的所有人员均应做好个人防护。首先，所有人员日常工作中均应加强手卫生措施。其次，搬运有患病动物和尸体、进行环境清洁消毒或废物处理时，加戴长袖橡胶手套。最后，要做好面部、皮肤、足部等部位防护，面部和呼吸道防护要佩戴医用外科口罩和防护眼罩或防护面屏；皮肤防护需穿医用一次性防护服，在接触大量血液、体液、排泄物时，应加穿防水围裙；足部防护穿覆盖足部的密闭式防穿刺鞋（简称工作鞋）和一次性防水靴套，若环境中有大量血液、体液、排泄物时，应穿长筒胶靴。

6.6 重大疫病防控

家庭养殖场要严格执行重大动物疫情报告制度，若场内发生疑似重大动物疫情，应立即向当地畜牧兽医主管部门报告，积极配合当地畜牧兽医管理部门，对牛群实施严格的隔离、检疫、扑杀措施；严守保密纪律，严格疫情管理，杜绝泄密事件的发生。

7 肉牛废弃物处理与利用

肉牛家庭农场排出的粪尿及废弃物的治理及利用均要坚持"减量化、无害化、资源化"的原则，推行雨污分流、干湿分离、堆肥发酵等治理措施，推荐使用种养结合等利用方式，减少废弃物排放，将废弃物变成有效资源加以利用。

7.1 粪尿的处理及利用

肉牛排出粪尿的数量都比较大，因此要对粪和尿做分类处理。尿液及其他用水进入化粪池和沉淀池，用于还田灌溉；发酵池废弃物或干粪主要采用堆肥发酵，好氧降解有机物，利用以粪便为原料的高温好氧堆肥技术，堆肥过程中形成高温，能杀死各种病菌和虫卵，粪污中的多种成分能转变成植物生长需要的有效养分，可直接用于设施农业栽培或农作物、牧草等种植生产。通过人工清理的牛粪送至堆粪场，经堆积发酵无害化处理后，成为有机肥料，具体作法是在堆粪场铺 1 层厚 $10\sim15\mathrm{cm}$ 的细草，以吸收下渗液体，然后将牛粪堆积成条垛状，表面用稀泥封好，1个月后翻堆 1 次，重新堆好，再用泥土封严，达到完全腐熟（夏季约需 2 个月，冬季则需 $3\sim4$ 个月）。通过堆肥发酵处理生产有机肥，将养殖粪便变废为宝，改善土壤团粒结构，提高农作物产量和品质，为生产绿色有机农产品发挥显著作用，促进生态良性循环。

7.2 其他废弃物处理

肉牛养殖过程中产生的其他废弃物，包括过期的兽药疫苗，使用后的兽药瓶、疫苗瓶、饲料袋及生产过程中产生的其他废弃物。根据废弃物性质采取煮沸、焚烧及深埋等无害化处理措施，严禁随意丢弃。

附件 1 - 1 50 头肉牛家庭农场投资分析

一、50 头肉牛家庭农场投资分析

按照重庆市肉牛养殖家庭农场为年出栏量 50 头以上的标准，对家庭农场所需的基础设施和设备进行了预算，主要包括牛舍、购买犊牛或架子牛种、饲料加工及干草棚、青贮池、废弃物处理区等，所需资金约 135.8 万元。具体预算内容见附表 1 - 1。

附表 1 - 1 投资成本预算分析

序号	项目名称	数量	规格	单价（元）	总价（万元）	备注
1	牛舍	330	m²	800	26.4	
2	彩钢棚	396	m²	200	7.92	按照与牛舍面积 1：1.2 计算
3	架子牛	50	头	10 000	50.00	约 300kg
4	入场处设施	—	—	—	0.68	
4.1	大门	1	扇	2 000	0.20	
4.2	人员消毒通道	6	m²	800	0.48	
5	草料库	20	m²	500	1.00	
6	青贮池	150	m³	500	7.50	每 1m³ 约贮存 750kg 青贮料，饲喂量约 10kg/（d·头）。
7	蓄水池	60	m³	1 000	6.00	
8	隔离牛舍	20	m²	1 000	2.00	
9	废弃物处理区	—	—	—	20.00	
9.1	干粪堆放区棚	50	m²	800	4.00	
9.2	化粪池	30	m³	1 000	3.00	

（续）

序号	项目名称	数量	规格	单价（元）	总价（万元）	备注
9.3	沉淀池	20	m³	1 000	2	
9.4	还田管网	500	m	20	1	
9.5	消纳土地费用	200	亩*	500	10	按500元/年租用
10	饲草料费用	—	—	—	10.8	
10.1	收储秸秆	200	t	450	9	
10.2	精料	6	t	3 000	1.8	约1个月用量，饲喂量约4kg/（d·头）。
11	机械设备购置	4	台		3.5	
11.1	饲料粉碎机	1	台	10 000	1	
11.2	多功能铡草粉碎机	1	台	10 000	1	
11.3	手扶旋耕机	1	台	5 000	0.5	
11.4	挤压式固液分离机	1	台	10 000	1	
12	合计				135.8	

二、出栏50只肉牛养殖效益分析

1. 销售收入分析

按照2020年年底实际情况估算，肉牛出栏体重约500kg，单价按35元/kg计算，出栏1头肉牛1.75万元，年出栏肉牛50头，实际收入87.5万元。

2. 饲养成本分析

引进1头肉牛约10 000元。以舍饲方式进行饲养育肥肉牛，

---

* 亩为非法定计量单位，1亩≈666.7m²。——编者注

每头牛增重约 200kg，需要饲料、药品、水电及人工等成本约 17.5 元/kg，每头牛饲料、人工等成本约为 3 500 元。每头肉牛饲养成本约为 1.35 万元。

3. 利润分析

按照销售收入－饲养成本＝获取利润，即饲养 1 头肉牛可获利约 4 000 元，若年出栏 50 头肉牛可获利约 20 万元。

附件 1-2　活牛营销方式推荐

一、定点销售联系公司及电话

丰都县重庆恒都食品开发有限公司，电话：13452004717（邹经理）或 023-85600377。

二、网上销售方法

（1）登录淘宝网（https://s.taobao.com/），注册商用账户后发布相关的肉牛出售信息。

（2）登录中国牛业网（http://www.caaa.cn/association/cattle/），注册商用账户后发布相关的肉牛出售信息。

（3）登录有牛网（https://www.youniumalls.com/），注册账户后发布相关的肉牛售信息。

（4）可以采用微信群、行业网站、QQ群、论坛发帖等方式发布肉牛出售信息。

附件1-3 肉牛家庭农场牛舍建造示意图
（平面布局图、建筑图、结构图）

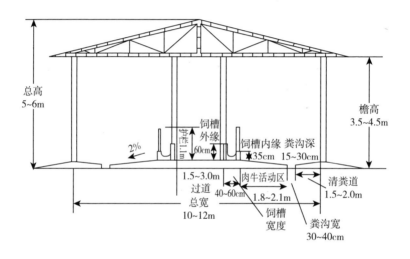

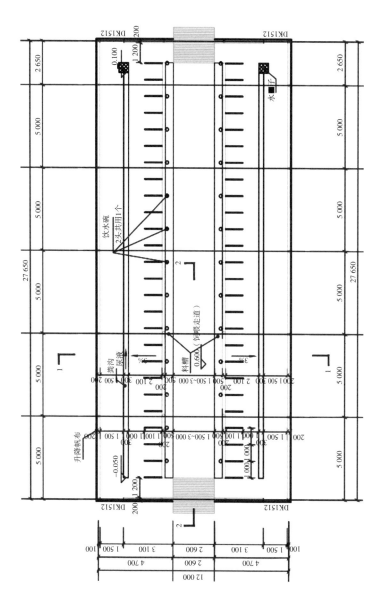

第二部分　山羊家庭农场养殖技术

　　山羊家庭农场养殖技术重点介绍以"放牧＋补饲""舍饲"等自繁自养饲养方式为主的生产模式和生产商品山羊的技术，适用于年出栏 100 只商品山羊的家庭农场。

1 山羊圈舍建造技术

1.1 选址与布局

1.1.1 选址

第一，场址选择应符合国家环境保护的相关法律法规、当地土地利用规划和村镇建设规划，符合当地的环保条件。

第二，场址应满足建设工程所需的水文地质和工程地质条件。

第三，场地水源充足，水质好，取用方便，满足生产、生活用水；根据设备需要，确保电力充足。

第四，场址应符合动物防疫条件，选在地势高、排水好、易通风、干燥、背风向阳、水质良好，坐北朝南或南偏东，避开冬季风口、低洼易涝、泥流冲积的地段，接近放牧或运动场地、草料库和清洁水源等处；在山地修建高床羊舍时，宜选择向阳坡。

第五，场区周围 3km 内无其他屠宰场、畜禽场，无河流流域、畜产品加工厂或大中型工厂等，距城市 20km 以上，离主干道 500m 以上。

第六，场址应具有粪污处理的设施或消纳吸收粪污的土地。

1.1.2 布局

山羊家庭农场分为管理区、生产区和废弃物处理区，羊舍要建在管理区的下风处，废弃物处理处建在羊舍的下风处，羊舍屋角应对着冬、春季的主风向。根据生产需要依次修建种公羊舍、母羊舍、育肥羊舍等。

1.2 羊舍建设

1.2.1 建筑类型

山羊家庭农场中，需采用高床式羊舍。主要使用的为传统型高床羊舍和发酵池高床羊舍。建筑类型有开放式、半开放式、密闭式；保温羊舍宜采用半开放式或密闭式；屋顶可采用单坡、双坡等形式。

1.2.2 结构及材料

（1）传统型高床羊舍

①建设单列式高床羊舍（图2-1）：属于公羊舍、母羊舍（含羔羊保育舍）、育肥羊舍等混养的羊舍。羊舍长为40m、宽为5m，屋顶不低于3.5m，屋檐不低于3.0m，屋顶为双坡。材质用彩钢或树脂瓦，墙体可采用水泥砖或木栅栏，总面积约200m²。以单列式彩钢屋面计算建筑面积为长×宽=40m×5m，其中公羊舍占20m²（长×宽=5m×4m）；母羊舍占60m²（长×宽=15m×4m）；育肥羊舍占80m²（长×宽=20m×4m）；过道面积40m²（长×宽=40m×1m）。

②羊舍施工要求（图2-1、图2-2）：根据羊舍设计要求，在长方形的3边放线作为基础墙的内线（羊舍的长度和宽度可根据地形和养羊数量确定），向内线外边扩展0.5m作为墙基础的外线（木质结构可适当减小）。基础深度：应考虑地质结构、地基承重大小、地平坡度等，在左、右墙体的基础中间现浇一道钢筋混凝土梁，梁的跨度较大，须在下面设柱头，砖墙基础应用条石或灰浆饱满片石。墙体施工：根据地基起墙，墙体可用木料、页岩砖或混凝土砌，主要是左、右、后3面墙，左、右墙砌成尖山墙，主要用于放屋梁或现浇屋面，后墙在梁上砌，1.0m以上可做成花墙，并预留0.4m宽的通风口。

屋面施工：根据场主经济条件，屋面可选择彩钢、彩瓦、现浇水泥屋面或者青瓦等。

地平施工：羊床地平要保证至少30°的斜坡，其中低矮一侧应做成排粪沟。

粪沟施工：粪沟建在羊舍外面，一般可用水泥管道暗管安装，并直接与化粪池相连接，现在推广的沼气池也可作化粪池使用。

③羊舍主要建设内容（图2-1、图2-2）：

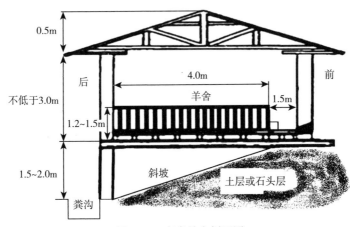

图2-1　高床羊舍剖面图

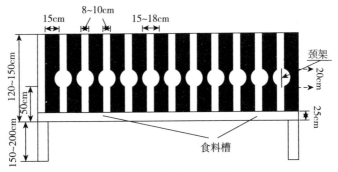

图2-2　羊床正立面图

a. 羊床：羊床应离地面150～200cm；漏粪条用木条或成型竹条制作（根据实际情况在漏粪条上覆盖一层网状塑料板），其长度与羊床一致，宽度为15～20mm，厚度为20～30mm；羊床的漏粪条之间的距离为15～20mm；羊床侧门宽60～80cm。

b. 通道：通道地面用水泥抹平，单列式位于饲槽与墙壁之间，通道宽度不低于1.5m。

c. 饲槽：固定式 U 形饲槽用砖、砂石、水泥等材料砌成，也可做全木式料槽，具体长短根据羊圈长度而定，宽 30cm，高 20cm。移动式饲槽也可采用木板或白铁皮等材料制作。槽内表面应光滑、耐用。

d. 护栏：以结实的铁栅栏或木质栅栏为宜，护栏高度不低于 1.3m，宽度为 15cm，厚度为 2cm 的长方形木板。

e. 颈夹：颈夹材料可采用钢条或木板制作。以木板颈夹为例，取高 1.2m，宽 15cm，厚 2cm 的长方形木板，在上、下横梁间的颈夹板部分从下向上 0.5m 处开始向上挖成 20cm 高、15～18cm 宽的半圆缺口的颈架；颈夹板之间夹缝的宽为 8～10cm；相邻两块颈夹板之间形成椭圆形孔洞，椭圆形宽 15～18cm。颈夹也可用 Φ8 钢条按以上尺寸烧制。

f. 门窗：羊舍门可采用木门或金属门，宽度大群饲养时应为 2.0～2.5m，小群饲养或羊只较少时应为 1m 以上；窗户宜采用铝制玻璃，其面积占羊舍地面面积的 1/15，每个窗户的高度宜为 0.5m～1.0m，宽度宜为 1.0m～1.2m。

g. 饮水器具：根据每个羊圈的实际情况，用三型聚丙烯（PPR）管、PVC 管等管道接入外来水源，每个羊圈配置塑料或不锈钢的饮水盆 1～2 个，放置羊圈内供羊只饮用。

（2）发酵池高床羊舍

①建设双列式发酵池高床羊舍（设计施工图详见附件 2-3），为公羊舍、母羊舍（含羔羊保育舍）、育肥羊舍等混养的羊舍。屋顶为双坡，采用彩钢或树脂瓦，墙体可采用水泥砖，总面积约 240m²；屋顶和屋檐距地面高度宜不低于 6m 和 5m。根据实际情况选择在左右两侧墙体上安装湿帘风机系统。以彩钢屋面计算建筑面积为长×宽＝40m×6m。

②羊舍施工要求（详见附件 2-3）：

a. 基础施工：根据羊舍设计要求，在长方形的四边放线作为基础墙的内线（其羊舍的长度和宽度可根据地形和养羊数量确定），向内线外边扩展 0.5m 作为墙基础的外线。

b. 基础深度：应考虑地质结构、地基承重大小、地平坡度等，砖墙基础可用钢筋混凝土、条石或灰浆饱满片石；在左、右墙体的基础中间现浇一道钢筋混凝土横梁（每隔 2m 砌 1 个），石柱上现浇一道钢筋混凝土梁串联（与羊舍长度一致），固定漏缝板的横梁应与墙体垂直（与羊舍宽度一致）。

c. 墙体施工：根据地基起墙，用页岩砖或混凝土砌，主要是左、右墙砌成尖山墙，用于放屋梁或现浇屋面；前、后墙体预留通风口和进入发酵池的门，左右墙体根据实际情况加装湿帘风机系统。屋面施工：根据业主经济条件，屋面可选择彩钢、彩瓦、现浇水泥屋面或者青瓦等。

d. 地面施工：羊舍地面也是发酵池的地面，应用水泥抹平且光滑。

③羊舍建设内容（建设要求详见附件 2 - 3）：

a. 羊床：羊床地面全部采用成型竹条，羊床离地面 220～250cm，羊床下铺设 1 排石柱，每个石柱上放置木梁（木梁长度与羊舍宽度一致），用于固定成型竹条制作羊床，羊床宽度为 6m，正好放置 4 根成型竹条；漏粪条用成型竹条制作，成型竹条规格为长×宽×厚＝1.5m×0.5m×0.03m；羊床侧门宽 60～80cm。

b. 发酵池：在羊床的漏缝板下地面建设为发酵池。羊舍墙体也是发酵池的墙体，羊舍的地面也是发酵池地面。发酵池长×宽×高＝40m×6m×0.4m，体积约 96m^3。

c. 通道：通道地面用水泥抹平，位于羊舍中间，过道宽度不低于 1.5m，长度与羊舍长度一致。

d. 饲槽：固定式饲槽用砖、砂石、水泥等材料砌成，饲槽长短根据羊舍长度而定，宽 30cm，高 20cm。移动式饲槽用厚木板或铁皮等材料制作。槽内表面应光滑、耐用，饲槽底部离地高约 40cm，宽 30cm，槽内外沿相差 20cm。

e. 护栏：以结实的铁栅栏为宜，母羊栏高度不低于 130cm，公羊栏高度不低于 150cm，每根铁柱之间的距离 7～8cm。具体要求参考设计图。

f. 颈夹：颈夹材料可采用钢条或木板制作。以木板颈夹为例，取高 1.2m，宽 15cm，厚 2cm 的长方形木板，在上、下横梁间的颈夹板部分从下向上 0.50m 处开始向上挖成 20cm 高、15～18cm 宽的半圆缺口的颈架；颈夹板之间夹缝的宽为 8～10cm；相邻两块颈夹板之间形成椭圆形孔洞，椭圆形宽 15～18cm。颈夹也可用 Φ8 钢条按以上尺寸烧制。

g. 门窗：舍门可采用木门或金属门，大群饲养时宽度应为 2.0～2.5m，小群饲养或羊只较少时应为 1m 以上；窗户宜采用铝制玻璃，其面积占羊舍地面面积的 1/15，每个窗户的高度宜为 0.5～1.0m，宽度宜为 1.0～1.2m。

h. 饮水器具：根据每个羊圈实际情况，用 PPR 管、PVC 管等管道接入外来水源，每个羊圈配置塑料或不锈钢的饮水盆 1～2 个，放置羊圈内供羊饮用。

（3）机械化清粪高床羊舍

①建设双列式机械化清粪高床羊舍（设计施工图详见附件 2-4）：为公羊舍、母羊舍（含羔羊保育舍）、育肥羊舍等混养的羊舍。屋顶为双坡，采用彩钢或树脂瓦，墙体可采用水泥砖。羊舍屋顶和屋檐距地面高度宜不低于 4m 和 3.5m。以彩钢屋面计算建筑面积，长度和宽度可根据地形而定，长度和宽度规格为 30m×10m，总面积为 300m²。另外，可根据实际情况选择在左、右两侧墙体上安装湿帘风机系统。

②羊舍施工要求（图 2-3）：根据羊舍设计要求，在长方形的四边放线作为基础墙的内线（羊舍的长度和宽度可根据地形和养羊数量确定），向内线外边扩展 0.5m 作为墙基础的外线。

a. 基础深度：应考虑地质结构、地基承重大小、地平坡度等，砖墙基础应用条石或灰浆饱满片石，四周现浇钢筋混凝土圈梁，地基中间现浇两道钢筋混凝土横梁，羊床用钢筋混凝土或木质结构做成过梁，过梁主要放置竹板条。

b. 墙体施工：根据地基起墙，左、右、前、后四面墙体可用页岩砖或空心砖，墙体厚度依据实际情况选择 12 墙、18 墙或24 墙，前后墙体砌成尖山墙；左右墙体带窗户。

c. 屋面施工：根据业主经济条件，屋面可选择彩钢、彩瓦、现浇水泥屋面或者青瓦等。

d. 地平施工：羊床地平要保证至少 30°的斜坡，其中低矮一侧应做成排粪沟。

e. 粪沟施工：粪沟建在羊床下面，在地基横梁上用页岩砖砌墙，用水泥砂浆抹平，羊床离地面高度至少 80cm，便于安装机械清粪机械。

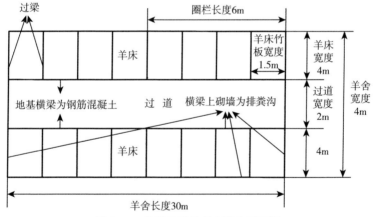

图 2-3 机械化清粪高床羊舍平面图

③羊舍主要包括以下建设内容（建设要求详见附件 2-3）：

a. 羊床：羊床地面全部采用成型竹条，羊床下铺设 1 排石柱，每个石柱上放置木梁（木梁长度与羊舍宽度一致），用于固定成型竹条制作羊床，羊床宽度为 6m，正好放置 4 根成型竹条；漏粪条用成型竹条制作，成型竹条规格为长×宽×厚=

1.5m×0.5m×0.03m；羊床侧门宽 60～80cm。

b. 通道：通道地面用水泥抹平，位于羊舍中间，过道长×宽＝30m×2m，面积约 60m²。

c. 饲槽：固定式饲槽用砖、砂石、水泥等材料砌成，饲槽长短根据羊舍长度而定，宽 30cm，高 20cm。移动式饲槽用厚木板或铁皮等材料制作。槽内表面应光滑、耐用，饲槽底部离地高约 40cm，宽 30cm，槽内外沿相差 20cm。

d. 护栏：以结实的铁栅栏为宜。母羊栏高度不低于 130cm，公羊栏高度不低于 150cm。每根铁柱之间的距离 7～8cm。具体要求参考设计图。

e. 颈夹：颈夹材料可采用钢条或木板制作。以木板颈夹为例，取高 1.2m，宽 15cm，厚 2cm 的长方形木板，在上、下横梁间的颈夹板部分从下向上 0.50m 处开始向上挖成 20cm 高、15～18cm 宽的半圆缺口的颈架；颈夹板之间夹缝的宽为 8～10cm；相邻两块颈夹板之间形成椭圆形孔洞，椭圆形宽 15～18cm。颈夹也可用 Φ8 钢条按以上尺寸烧制。

f. 门窗：舍门可采用木门或金属门，宽度大群饲养时应为 2.0～2.5m，小群饲养或羊只较少时应为 1m 以上；窗户宜采用铝制玻璃，其面积占羊舍地面面积的 1/15，每个窗户的高度宜为 0.5～1.0m，宽度宜为 1.0～1.2m。

g. 饮水器具：根据每个羊圈实际情况，用 PPR 或 PVC 材质的管道接入外来水源，每个羊圈配置塑料或不锈钢的饮水盆 1～2 个，放置羊圈内供羊饮水用。

1.3 附属设施建设

1.3.1 饲料加工区建设要求

饲料加工区是饲草料加工及储藏区域，包括饲料加工及草料棚等，屋顶可采用彩钢或石棉瓦（距地面高度 4m），墙体采用水泥砖，地面用水泥抹平；饲料加工及草料棚面积约 30m²，长×

宽=6m×5m。

1.3.2 青贮池建设要求

青贮池体积约 $20m^3$，搭建顶棚，屋顶可采用彩钢或石棉瓦（距地面高度 5m）；池底部从里向外要有坡度，坡度为 $2°\sim5°$；墙体采用钢筋混凝土结构，墙体厚度大于 20cm，长边中间加一根与墙体厚度一致的构造柱，墙面、池底用水泥抹平；池门采用槽式厚木门板，一块一块地进行密封。青贮池体积：长×宽×高=5m×2m×2m。

1.3.3 蓄水池

建设蓄水池可选择方形或圆形，体积约为 $10m^3$。池身可选择页岩砖或混凝土修建，墙厚为 24cm，用水泥砂浆护壁；池底用 C20 混凝土护底，厚度 20cm。

1.3.4 药浴池建设要求

药浴池类型较多，可分为水泥药浴池、帆布药浴池、喷淋式药浴池等。

以常用水泥药浴池为例：水泥药浴池（图 2-4）一般为长方形水沟状，用砖石水泥制成，建在羊放牧或进出较多的空地边上。砌成的药浴池内部长度为 5m，深度为 $0.8\sim1.0m$，上口宽度为 $0.6\sim0.8m$，池底宽度为 $0.3\sim0.4m$，以单只羊通过而不能转身为宜。入口处为斜坡，出口处为台阶式缓坡或阶梯式；入口端设围栏，出口端 2m 处修围栏，在出口端的围栏内铺设一定坡度的水泥滴流台，以便药浴后的羊身上的药水回流入池内。

1.3.5 废弃物处理区建设要求

废弃物处理区仅涉及传统型高床羊舍。其中干粪堆放区约 $20m^2$，化粪池约 $20m^3$，沉淀池 $20m^3$，粪污还田管网约 1 000m。

（1）干粪堆放区。屋顶采用彩钢或石棉瓦（高 4m），建筑规格为长×宽=5m×4m；堆放场地面和墙面用水泥抹平，四周用水泥砖作墙体，墙高 $1.5\sim2.0m$，墙厚至少为 24cm。

（2）化粪池。也可用作沼气池。要求防渗防漏、三级沉淀、密闭；体积20m³，长×宽×高＝5m×2m×2m；化粪池以修建在地面下为宜，四周用水泥砖或混凝土作墙体，地底和墙面用水泥抹平，不漏和渗透，用水泥、钢筋倒板密封，厚度为8～10cm。

图2-4 药浴池

（3）沉淀池。用于化粪池沼液至消纳地中间存储，要求防渗防漏，具备安全措施、管网提灌并正常使用。体积20m³（长×宽×高＝5m×2m×2m）；地面和墙面用水泥抹平，四周用水泥砖或混凝土作墙体，墙厚为12cm。

（4）粪污还田管网。连接化粪池、沉淀池以及田地之间的管道，材质可采用PVC管材等，污水贮存设施进水口管道直径30cm以上，有水泵、进出水设施，并正常使用。

（5）粪污消纳地。主要用于粪污消纳，用于牧草、水果、农作物、蔬菜种植等。

1.4 设备选型

1.4.1 饲料粉碎机设备要求

购置饲料粉碎机设备 1 台，用于玉米等加工粉碎，可用生产能力 0.5~0.8t/h。

1.4.2 揉丝机设备要求

购置揉丝机 1 台，用于玉米秸秆等青贮使用，加工量 1.0~1.5t/h，功率 3kW。

1.4.3 手扶式旋耕机设备要求

购置手扶式旋耕机 1 台，用于饲草地旋耕平整等，可用 7~10PS*。

1.4.4 湿帘风机系统要求

湿帘风机系统 1 套，用于通风降温，功率至少 1 100W。

1.4.5 清粪机械系统要求

自动清粪机械系统 1 套，主要由主机座、转角轮、牵引绳、刮粪板等组成，电机运转带动减速机工作，通过链轮转动牵引刮粪板运行完成清粪工作。

1.4.6 全混合日粮饲料搅拌机要求

根据实际条件和饲喂要求，自行选择全混合日粮饲料搅拌机（TMR）1 台，其容积 1~3m³ 为宜。

---

* 马力为非法定计量单位，1PS≈735.50W。——编者注

2 山羊品种选择技术

2.1 选种要求

种羊应选择体型外貌、生长发育、生产性能优良、符合本品种特征、健康无病、无明显缺陷的个体。

种公羊要选择生长发育正常、性能优良、四肢健壮、性欲旺盛、精液品质良好（活力 0.8 以上）的个体。

种母羊要求繁殖力强、母性强，体形匀称，阴户大小适中，发育正常；有效奶头数 1 对以上，乳头排列整齐均匀，无瞎奶头、翻奶头、副奶头等无效奶头；初情期时乳腺组织发育明显。

2.2 品种推荐

一般以黑山羊养殖为主，其售价高且销路广，深受消费者喜爱。重庆市引入品种和本地品种都有皮毛为黑色的山羊品种，其中，公羊可选择波尔山羊、努比亚羊、川中黑山羊、渝东黑山羊等；母羊品种可选择大足黑山羊、渝东黑山羊等。

2.2.1 引入品种

（1）波尔山羊。原产于南非，是当今世界著名肉用山羊品种，被称为"世界肉用山羊之王"，是优良公羊的重要品种来源，作为终端父本能显著提高杂交后代的生长速度和产肉性能。

①外貌特征：波尔山羊具有独特的毛色特征，头部一般为红（褐）色并有广流星（白色条带），体躯为白色；头强健，眼睛清秀、棕色，鼻梁隆起，耳长而大，宽阔下垂。头颈部及前肢比较发达；体躯深而宽阔，呈圆筒形；肋骨开张与腰部相称，背部宽阔而平直，尻部宽而长，臀部和腿部肌肉丰满；四肢端正，短而粗壮，系部关节坚韧，蹄壳坚实，呈黑色。公母羊（见彩图 2-5、彩图 2-6）。

②生产性能：成年公羊体重 90～130kg、母羊 60～90kg。

公羊 3～4 月龄性成熟，母羊 6 月龄性成熟，5～6 月龄可初配。在良好的饲养条件下，一年四季都能发情配种，但发情时间 70％以上集中在秋季。发情周期为 18～21d，发情持续期为 37.4h。妊娠期平均为 148d，产羔率为 180％～200％。羔羊初生重 3～4kg，断奶体重一般在 20～25kg，6 月龄平均体重公羊 42kg、母羊 37kg。周岁前平均日增重 200g 以上。屠宰率 52％以上，肉厚而不肥，肉质细，肌肉内脂肪少、色泽纯正、多汁鲜嫩。

③发展情况：波尔山羊适应性极强，几乎适合于各种气候条件饲养，在热带、亚热带、内陆甚至半沙漠地区均有分布，耐粗饲，抗病力强，性情温顺、活泼好动，群居性强，易管理。重庆市从 20 世纪 90 年代开始，直接从国外或间接从国内大量引入了波尔山羊，并在武隆、奉节、云阳、巫山、彭水和开州等地建设了波尔山羊种羊场，现存栏种羊 5 000 余只。波尔山羊作为主推品种，在重庆被广泛用作父本，与本地山羊和引进的南江黄羊进行二元杂交、三元杂交和级进杂交等多种方式的商品杂交，生产出优质肉羊。

④生产用途：波尔山羊可作为山羊培育的优良品种，也可作为杂交利用的终端父本。实践表明，波尔山羊杂交肉羊生长速度快、产肉多、肉质好，显示出很强的杂交优势。

（2）努比亚山羊。原产于非洲努比亚地区，现已广泛分布于世界各地，属肉乳兼用型品种，具有体型高大、生长发育较快、产肉性能良好、繁殖力高、适应性强等优点。

①外貌特征：努比亚山羊原种毛色较杂，但以棕色、暗红较为多见；被毛细短、富有光泽；头较小，额部和鼻梁隆起呈明显的三角形，俗称"兔鼻"；两耳宽大而长且下垂至下颌部。引入中国的多为黄色，少数黑色；有角或无角，有须或无须，角呈三棱形或扁形螺旋状向后，达颈部。头颈相连处肌肉丰满呈圆形，颈较长，胸部深广，肋骨拱圆，背宽而直，尻宽而长，四肢细

长，骨骼坚实，体躯深长，腹大而下垂；乳房丰满而有弹性，乳头大而整齐，稍偏两侧。

②生产性能：努比亚黑山羊体格较大，成年公羊体重90～150kg（见彩图2-7），成年母羊体重60～100kg（见彩图2-8）；初生重一般在3.6kg以上；2月龄断奶体重，公羊约28.16kg，母羊约21.20kg。性成熟早，6～9月龄可初配，年均产羔2胎，平均产羔率230.1％，其中，初产母羊为163.54％，经产母羊为270.5％。成年公羊、母羊屠宰率分别是51.98％、49.20％，净肉率分别为40.14％和37.93％。

③发展情况：努比亚黑山羊适合在南方山区饲养，具有适应性、采食力强、耐热、耐粗饲等特点。近年来，重庆市借助草食牲畜产业链发展契机，綦江、巫山、酉阳、开州、大足、武隆等部分区（县）先后引入努比亚黑山羊进行杂交试验生产，其杂交一代为纯黑色，杂交羊初生体重、体尺等指标均比本地山羊显著提高，具有初生个体大、生长速度快、产肉多、肉质好等优势，经济效果显著，是发展肉羊商品生产，提高养羊经济效益的重要手段。

④生产用途：用于山羊培育的优良品种，也可用于终端父本。比如简阳大耳羊就含有努比亚黑山羊血缘，其培育品种具有肉质细嫩、膻味低、风味独特的特点，被广大消费者所喜好。

（3）川中黑山羊。川中黑山羊分金堂型、乐至型，是四川省优良的地方山羊品种，也是我国最优秀的黑山羊品种。

①外貌特征：川中黑山羊全身被毛黑色、具有光泽，冬季内层着生短而细密的绒毛。体质结实，体型高大。头中等大，有角或无角。公羊角粗大，向后弯曲并向两侧扭转；母羊角较小，呈镰刀状。耳中等偏大，有垂耳、半垂耳、立耳几种。公羊鼻梁微拱，母羊鼻梁平直。成年公羊颌下有毛须，成年母羊部分颌下有毛须。颈长短适中，背腰宽平。四肢粗壮，蹄质坚实。公羊体态雄壮，前躯发达，睾丸发育良好；母羊后躯发达，乳房较大、呈

球形或梨形。乐至型部分羊头部有栀子花状白毛。乐至型公羊体型比金堂型略大，金堂型母羊体型略大于乐至型（见彩图 2 - 9、彩图 2 - 10）。

②生产性能：乐至型成年公羊体重（71.24±4.75）kg，母羊体重（48.41±2.71）kg；金堂型成年公羊体重（66.26±3.50）kg，母羊体重（49.51±2.89）kg。公羔初生重为（2.73±0.46）kg，母羔为（2.41±0.38）kg；2 月龄公羊体重为 14.33kg，母羊为 12.11kg，断奶期公羊日增重 191g，母羊日增重 162g。公羊 6 月龄、12 月龄胴体重分别为 15.65kg、21.88kg，屠宰率分别为 54.42％、50.84％；母羊 6 月龄、12 月龄胴体重分别为 13.13kg、17.66kg，屠宰率分别为 48.25％、47.36％。性成熟早，母羔初情期为 3～4 月龄，公羔在 2～3 月龄即有性欲表现。初配年龄母羊5～6 月龄，公羊 8～10 月龄，母羊平均发情周期为 20.3d，发情持续期为 24～72h，年均产 1.71 胎，产后第一次发情 26.35d，产羔间隔为 212d。羔羊成活率 91％。从产羔率看，金堂型初产母羊 189.30％，经产母羊 245.42％；乐至型初产母羊 205.95％，经产母羊 252％。

③发展情况：川中黑山羊是四川省优良地方山羊品种资源，经过长期的自然选择和人工系统选育而成。早在清道光年间，《乐至县志》就有"惟黑山羊，纯黑味美，不膻"的记载。川中黑山羊具有适应性强、前期生长发育快、产肉性能好、繁殖性能突出、遗传性稳定等优良性状。10 年前，重庆市已开始少量引进川中黑山羊。因其体型大、长势快，近几年在丰都、开州、武隆等区（县）建设种羊场，为重庆市生产优质肉羊提高种源。

④生产用途：是生产商品代黑山羊的较好品种。公羊可作为黑山羊生产的二元杂交父本。母羊可作为黑山羊生产的优秀母本。

2.2.2　本地品种

（1）大足黑山羊。大足黑山羊属以产肉为主的山羊地方品种，中心产区位于重庆市大足区铁山、季家和珠溪等乡（镇），分布于重庆市大足区及相邻的四川省安岳县和重庆市荣昌县的部分乡（镇）。

①体型外貌：大足黑山羊被毛全黑，体型较大。额平、狭窄，多数有角有鬃，角灰色、较细、向侧后上方伸展呈倒"八"字形，鼻梁平直，耳窄长、向前外侧方伸出。躯体呈长方形，胸宽深，肋骨开张，背腰平直，尻略斜。四肢较长，蹄质坚硬，呈青黑色。尾短尖。公羊两侧睾丸发育对称，呈椭圆形。母羊乳房大、发育良好，呈梨形，乳头均匀对称，少数母羊有副乳头（见彩图2-11、彩图2-12）。

②生产性能：大足黑山羊性成熟较早，公羊在2～3月龄即表现出性行为，6～8月龄性成熟，15～18月龄进入最佳利用时间。母羊在3月龄出现初情，5～6月龄达到性成熟，8～10月龄进入最佳利用时间。大足黑山羊发情周期为19d，发情持续期为2～3d，妊娠期147～150d。大足黑山羊繁殖性能高，初产产羔率达到218%，经产产羔率达到272%，羔羊成活率不低于95%。初生的公羔重约2.2kg，母羔重约2.0kg；断奶后公羔重11.4kg，母羔重10.1kg；哺乳期平均日增重公羔153.33g，母羔135.00g。在农村饲养条件下，随机选择12月龄的大足黑山羊（公、母各15头）进行屠宰测定，12月龄公羊屠宰前活重为（35.10±2.87）kg、母羊屠宰前活重为（24.04±2.12）kg；公羊胴体重为（15.77±1.81）kg、母羊胴体重为（10.75±1.29）kg。

③生产用途：大足黑山羊繁殖性能高，产羔率是国内山羊品种和类群中最高的种群之一。其高繁殖性能具有很高的研究、开发和利用价值。除开展资源保种外，公羊可以用作二元杂交父本；母羊主要用于高繁性培育品种或杂交母本。

（2）渝东黑山羊。渝东黑山羊原名涪陵黑山羊，俗称铁石山羊，属皮肉兼用型地方品种山羊，中心产区位于重庆市涪陵、丰都、武隆等区（县），分布于重庆市黔江、酉阳、彭水等区（县）。

①体型外貌：全身被毛黑色，富于光泽，成年公羊被毛较粗长，母羊被毛较短，40％左右的黑山羊被毛内层有稀而短的绒毛，被人们称为"铁石山羊"。体型中等，体质结实，结构紧凑、匀称，骨骼粗壮，肌肉结实。头呈三角形，头部清秀，上宽下窄，中等大小；鼻梁平直，两眼明亮有神，两耳对称向外、微下垂，前额鼻梁微突，嘴唇四周少毛，有鼻汗、湿润。绝大多数有角，角型以刀状角和对旋角为主，少数为顺旋角和大回旋角。颈部粗壮，呈圆柱形，与躯干结合紧凑，少数羊有肉髯。胸较宽深，整个躯体呈楔形，臀部稍有倾斜，背腰平直，后躯高于前躯。四肢粗短强健，蹄质坚实，蹄叉紧略呈矩形，蹄直立下踏，行动灵活。后肢丰满结实，肌肉发达，直而有力，飞节弯曲处无被毛，八字蹄分，四肢对称着地，靶子蹄对称悬空，蹄壳坚实。尾短小、微翘、直立，呈等腰三角形，少数尾部末端有白毛。母羊乳房呈球形，乳头中等大小（见彩图 2-13、彩图 2-14）。

②生产性能：渝东黑山羊公羊 5～7 月龄性成熟，母羊 4～6 月龄开始发情；公羊利用年限一般为 2～3 年、母羊一般为 3～5 年。母羊一年四季均可发情，但多数集中在春、秋季，比例约占 72.28％，发情周期平均为（18±1.23）d，发情持续期为 43～72h，怀孕期平均为（150.5±0.93）d。经产母羊胎产羔数平均为 1.83 只，羔羊断奶成活率 94.52％。公羔初生重约为 1.62kg，母羔初生重约为 1.48kg；公羔断奶重约为 9.73kg，母羔断奶后约为 9.06kg；哺乳期平均日增重（68.16±15）g。在农村饲养条件下，对 12 月龄渝东黑山羊进行屠宰测定（公母各 15 头），其中，宰前活重，公羊为（37.98±3.17）kg、母羊为（35.79±1.91）kg；胴体重，公羊为（18.33±1.82）kg、母羊为（17.33±0.81）kg。

③生产用途：渝东黑山羊是肉皮兼用型品种，市场价格也较高，活羊销售价格每千克比其他山羊品种高出 0.8～1.5 元。除

开展畜禽资源保种外，主要为杂交生产提供母本，与波尔山羊、川中黑山羊、努比亚羊等品种杂交生产商品代黑山羊。

2.3 山羊生产模式

采用二元或三元杂交方式进行生产商品杂交优质肉山羊，可有效提高后代的增重速度和出栏体重。

2.4 山羊繁殖技术

主要采取自然交配方式进行繁育，公母羊比例为1：（20～30）。

3 山羊饲料配制技术

3.1 日粮配制要求

配制山羊日粮（粗精料）所选择的饲料价格要低廉，营养要全面、丰富，来源要充足，饲用安全；以青粗饲料为主，精饲料为辅；饲料种类要多样化，粗饲料种类最好不少于 2 种，精料种类最好不少于 3 种。日粮配制以饲养标准为依据，根据实际情况适当调整，但饲养标准并不是固定不变的，随山羊品种、生产性能和改良程度等因素的不同而变化。

3.1.1 符合生长需要

不同性别、年龄、体重和不同生理状况的山羊选用不同的饲养方式和饲养标准；应结合饲养经验拟定饲料配方。

3.1.2 饲料种类要多样化

在饲料搭配中，适口性要好，饲料种类越多越好，饲料质量（营养价值）要保持相对稳定，考虑采食量与饲料体积的关系，精粗料适当搭配；不可添加和饲喂发霉变质的饲料。

3.1.3 青粗饲料合理搭配

日粮以优质青粗饲料为主，适当搭配精料，既要有一定体积，又要保证干物质含量。

3.1.4 饲料要就近选取

选用饲料可根据当地条件就地取材，同时，也要考虑饲料的价格，以降低饲养成本。

3.1.5 注意事项

山羊各阶段日粮配制要全面考虑，羔羊不宜喂体积过大或水分过多的饲料；泌乳初期母羊，应以优质干草和青草为主，适量喂给精料和多汁饲料；泌乳盛期母羊，除喂给相当于体重 $1.0\%\sim$ 1.5% 的优质干草和一定量的精料外，尽量多喂青草、青贮和块根茎类饲料。种公羊应以优质禾本科和豆科混合干草和鲜青草为主；配种时应补喂混合精料，精料不可多用玉米，可以用麸皮、豌豆、黄豆、豆饼等，补充蛋白质；配种盛期，可适当增喂奶、鸡蛋或鱼粉等蛋白质饲料。

3.2　种公羊饲料配制

种公羊饲料要求营养价值高，有足量的蛋白质、维生素和矿物质，且易消化，适口性好。优质牧草有甜高粱、黑麦草、三叶草等；多汁饲料有胡萝卜、青贮玉米等；精料有大麦、豌豆、黑豆、玉米、高粱、豆饼、麦麸等。优质的禾本科和豆科混合干草作为种公羊主要饲料，要尽量保证一年四季的供应量。配种期种公羊配种强度大，需要增加日粮中动物性蛋白含量；非配种季节要保证热能、蛋白质、维生素和矿物质等物质充分供给。种公羊日粮标准参见表 2-1。

表 2-1　种公羊的日粮标准

组成及营养成分	非配种期	配种期	组成及营养成分	非配种期	配种期
禾本科和豆科干草（kg）	1.5	1.7	粗蛋白质（g）	289	440
青贮料（kg）	1.5	—	可消化蛋白质（g）	188	287
大麦、燕麦及其他禾本科籽料（kg）	0.7	1.0	钙（g）	16.1	19.0
豌豆（kg）	—	0.2	磷（g）	7.5	11.4
向日葵油粕（kg）	—	0.1	镁（g）	6.6	6.9
饲用甜菜（kg）	—	1.0	硫（g）	6.2	8.7
胡萝卜（kg）	—	0.5	铁（mg）	2 013	2 364
饲用磷（g）	10	10	铜（mg）	18.6	23.0
元素硫（g）	1.1	3.5	锌（mg）	70.0	82.0
食盐（g）	14	18	钴（mg）	0.53	0.74
硫酸铜（mg）	50	50	锰（mg）	216	280
			碘（mg）	0.75	0.85

（续）

组成及营养成分	非配种期	配种期	组成及营养成分	非配种期	配种期
饲料单位	2.0	2.4	胡萝卜素（mg）	55	97
代谢能（MJ）	22.7	27.0	维生素 D（IU）	650	960
干物质（kg）	2.3	2.8	维生素 E（mg）	67	78

资料来源：赵有璋，《羊生产学》。

3.3 种母羊饲料配制

种母羊的饲料营养可分为空怀期、妊娠期和哺乳期 3 个阶段。

根据实际生产情况，种母羊混合精料配方（供参考）：玉米53％、麸皮 7％、豆粕 20％、棉籽饼 10％、鱼粉 8％、食盐 1％、石粉 1％。

3.3.1 空怀期营养要求

空怀期主要任务是恢复体况，抓膘复壮，要求体况恢复到中等以上，以利配种。此期的营养好坏直接影响配种、妊娠状况。具体饲料营养标准参见表 2-2。

表 2-2　空怀母羊的营养标准

月龄	体重（kg）	风干料（kg）	消化能（MJ）	可消化粗蛋白（g）	钙（g）	磷（g）	食盐（g）	胡萝卜素（mg）
4～6	25～30	1.2	10.9～13.4	70～90	3.0～4.0	2.0～3.0	5～8	5～8
6～8	30～36	1.3	12.6～14.6	72～95	4.0～5.2	2.8～3.2	6～9	6～8
8～10	36～42	1.4	14.6～16.7	73～95	4.5～5.5	3.0～3.5	7～10	6～8
10～12	37～45	1.5	14.6～17.2	75～100	5.2～6.0	3.2～3.6	8～11	7～9
12～18	42～50	1.6	14.6～17.2	75～95	5.5～6.5	3.2～3.6	8～11	7～9

资料来源：辽宁省畜牧局，辽宁省畜牧兽医科学研究所，《现代肉羊饲养技术》。

3.3.2 妊娠期营养要求

妊娠期的饲料营养要求在满足怀孕母羊自身营养需要外，

还要满足胎儿生长发育的营养需要。此期的营养好坏直接影响胎儿生长发育以及泌乳量等情况。具体饲料营养标准参见表2-3。

表2-3　妊娠母羊的饲养标准

妊娠期	体重（kg）	风干料（kg）	消化能（MJ）	可消化粗蛋白（g）	钙（g）	磷（g）	食盐（g）	胡萝卜素（mg）
前期	40	1.6	12.6～15.9	70～80	3.0～4.0	2.0～2.5	8～10	8～10
	50	1.8	14.2～17.6	75～90	3.2～4.5	2.5～3.0	8～10	8～10
	60	2.0	15.9～18.4	80～85	4.0～5.0	3.0～4.0	8～10	8～10
	70	2.2	16.7～19.2	85～100	4.5～5.5	3.8～4.5	8～10	8～10
后期	40	1.8	15.1～18.8	80～110	6.0～7.0	3.5～4.0	8～10	10～12
	50	2.0	18.4～21.3	90～120	7.0～8.0	4.0～4.5	8～10	10～12
	60	2.2	20.1～21.8	95～130	8.0～9.0	4.0～5.0	9～12	10～12
	70	2.4	21.8～23.4	100～140	8.5～9.5	4.5～5.5	9～12	10～12

资料来源：辽宁省畜牧局，辽宁省畜牧兽医科学研究所，《现代肉羊饲养技术》。

3.3.3　哺乳期营养要求

哺乳期母羊的饲料营养主要是满足羔羊快速生长发育的需要，提高母羊泌乳量及营养水平。此期的营养好坏直接影响羔羊生长和成活情况。具体饲料营养标准参见表2-4。

表2-4　哺乳母羊饲养标准

哺乳期	体重（kg）	风干料（kg）	消化能（MJ）	可消化粗蛋白（g）	钙（g）	磷（g）	食盐（g）	胡萝卜素（mg）
单羔	40	2.0	18.0～23.4	100～150	7.0～8.0	4.0～5.0	10～12	6～8
	50	2.2	19.2～24.7	170～190	7.5～8.5	4.5～5.5	12～14	6～8
	60	2.4	23.4～25.9	180～200	8.0～9.0	4.6～5.6	13～15	8～12
	70	2.6	24.3～27.2	180～200	8.5～9.5	4.8～5.8	13～15	9～15

（续）

哺乳期	体重 （kg）	风干料 （kg）	消化能 （MJ）	可消化粗 蛋白（g）	钙 （g）	磷 （g）	食盐 （g）	胡萝卜素 （mg）
双羔	40	2.8	21.8～28.5	150～200	8.0～10.0	5.5～6.0	13～15	8～10
	50	3.0	23.4～29.7	180～220	9.0～11.0	6.0～6.5	14～16	9～12
	60	3.0	24.7～31.0	190～230	9.5～11.5	6.0～7.0	15～17	10～13
	70	3.2	25.9～33.5	200～240	10.0～12.0	6.2～7.5	15～17	12～15

资料来源：辽宁省畜牧局，辽宁省畜牧兽医科学研究所，《现代肉羊饲养技术》。

3.4 典型日粮配方

重庆地区的饲料资源现状，对不同阶段的羊列出的精料配方见表2-5，配方仅供参考，需根据实际调整。

表2-5 不同阶段山羊饲料配方组成

单位：%

不同阶段	玉米	麦麸	豆粕	菜粕	碳酸钙	磷酸氢钙	小苏打	盐	预混料	合计
育成羊	52	10.0	25	5	0.8	0.2	1.2	0.8	5	100
妊娠前期	53	11.6	20	6	1.2	0.3	1.4	1.5	5	100
妊娠中后期母羊	50	11.3	25	5	1.0	0.3	1.5	0.9	5	100
哺乳母羊	50	10.0	23	8	0.8	0.3	1.5	1.4	5	100
种公羊	46	12.0	28	5	0.6	0.5	1.5	1.4	5	100
育肥羊	60	5.5	18	8	0.4	0.3	1.5	1.3	5	100

4 山羊饲养技术

4.1 种公羊饲养技术

4.1.1 非配种期

非配种期要加强饲养，有条件时可进行放牧，为配种期奠定基础。非配种期，冬季每日补给精料0.5kg，干草3kg，胡萝卜0.5kg，食盐5~10g，骨粉5g；夏季以放牧为主，适当补加精料，每日喂3~4次，自由饮水。

4.1.2 配种期

配种期饲养分为配种准备期（配种前1.0~1.5个月）和配种期两个阶段。

（1）配种准备期。此期应增加饲料量，按配种期喂量的60%~70%给予，逐渐增加到配种期的精料给量。配种期的公羊神经处于兴奋状态，经常心神不定，不安心采食，这个时期的管理要特别精心，公羊要起早睡晚，饲料少给勤添，多次饲喂。饲料品质要好，必要时可补给一些鱼粉、鸡蛋、羊奶，以补充配种时期大量的营养消耗。

（2）配种期。配种时期，公羊消耗的营养和体力最大，日粮要求营养丰富、全面，种类多样化，特别是蛋白质、矿物质和维生素要充分满足。配种期每日饲料量为：混合精料0.8~1.2kg，禾本科、豆科混播青草3~4kg，苜蓿等干草1.5~2.0kg，胡萝卜0.5~1.0kg，食盐15~20g，骨粉5~10g，血粉或鱼粉5g；每天2次，混合干草饲喂，自由饮水。

4.2 种母羊饲养技术

4.2.1 空怀期

与妊娠前期的营养水平基本一致，此阶段的营养状况对母羊的发情、配种、受胎及以后的胎儿发育都有很大关系。空怀期精补料量为 0.1～0.3kg/d，每天 1～2 次，混合干草饲喂，自由饮水。

4.2.2　妊娠前期

因胎儿发育较慢，需要的营养物质少，放牧或给予足够的青草，适量补饲即可满足需要。喂怀孕母羊的必须是优质草料，要注意保胎；发霉、腐败、变质、冰冻的饲料都不能投喂，饮水温度不宜过低。

4.2.3　妊娠后期

妊娠后期是胎儿迅速生长之际，初生重的 90% 是在母羊妊娠后期增加的。此阶段营养不足，羔羊初生重小，抵抗力弱，极易死亡；母羊因膘情不好，到哺乳阶段没做好泌乳的准备而缺奶。因此，此时应加强补饲，日粮中的精料比例在产前 3～6 周应增至 18%～30%；除放牧外，每只羊每天需补饲精料 0.3～0.5kg，干草 1.0～1.5kg，青贮料 1.5kg，食盐和骨粉 15g。

4.2.4　哺乳期

哺乳期分为哺乳前期和哺乳后期。母乳是羔羊生长发育所需营养的主要来源，特别是产后前 20～30d 母羊奶水多，羔羊发育好，抗病力强，成活率高。

（1）哺乳前期。哺乳前期应视母羊膘情、带羔数及饲养方式的不同，为母羊提供补饲标准，对于放牧的母羊，精料为：产单羔的母羊每天 0.3～0.5kg，产双羔母羊每天 0.4～0.6kg；粗饲料为：每天每只母羊干草 1kg，胡萝卜等多汁饲料 1.5kg。对于舍饲的种母羊，产单羔的母羊精料每天补充 0.7～0.8kg，产双羔母羊每天 1kg，粗饲料每天每只母羊干草 1kg，胡萝卜等多汁饲料 1.5kg。

（2）哺乳后期。哺乳后期的母羊泌乳能力逐渐下降，羔羊能自己采食饲草和精料，不再依赖母乳生存，补饲标准可降低些，精料可减至每只每天 0.30～0.45kg、干草 1～2kg、胡萝卜 1kg。

4.3 羔羊饲养技术

4.3.1 及早吃初乳

羔羊出生后 30min 内要让羔羊吃上初乳。

4.3.2 人工哺乳

若母羊奶水不足可采用人工哺乳方式。哺乳可以采用奶瓶。主要是把母羊奶或代乳品装入清洁的奶瓶内，先在橡胶奶头上涂上奶，再将橡胶奶头放入羔羊嘴内，让其吸吮，反复训练，即可达成哺乳；乳汁温度宜保持在 35～39℃。喂给羔羊的奶或代乳品要新鲜、干净，在加热和分配时应搅拌均匀。哺乳器具要保持清洁卫生，定期用开水消毒，喂奶后用干净毛巾给羔羊擦嘴，防止其舔食；羔羊宜隔离饲养，器具分开使用，避免相互传染。哺乳次数：1 月龄内，每 3h 喂 1 次；1～2 月龄，每天喂奶 4 次；2～3 月龄，每天喂奶 3 次。随着月龄的增加，逐渐减少喂奶次数，适当增加每次的喂量。每次每只喂奶 200～300g；随着日龄增长，喂量逐渐增加，一昼夜哺喂量不超过体重的 20％为宜；40d 达到高峰，以后逐渐减少。

4.3.3 补料

羔羊诱食时间在出生后 10～15d，开始训练其吃草料，提供优质的青饲料和营养全面、口感好的代乳料或将大豆、蚕豆、豌豆等蛋白质饲料炒熟粉碎后撒入羔羊食槽内进行诱食；15～30d，在圈内安装的羔羊补饲栏中给每只羔羊补喂代乳料 20～50g/d。1～2 月龄，每天饲喂代乳料 3 次，每天每只用量 150～200g。2～3 月龄，每天饲喂代乳料 3 次，每天每只用量 200～250g，饲料要多样化，可投喂豆饼、玉米等混合料和优质干鲜草。饮水采取自由饮用，最好用温水，温度在 25～30℃。

4.3.4 断奶

75 日龄左右可试着将羔羊与母羊分离。对每只羔羊每天补喂代乳料 20～50g，让其自由采食，饮用清洁水。遵循少量多次原则。

刚断奶的羔羊 1 周内每天饲喂 3～6 次，每次饲喂时间间隔尽量一致，保证夜间喂 1 次，增强夜间或冬季抗寒能力。

4.4 育肥羊饲养技术

为加快商品羊出栏时间，在 3～4 个月的育肥期内可将育肥羊根据情况分别采用全舍饲育肥或"放牧＋补饲"育肥两种方式。

4.4.1 采用全舍饲育肥

每天每只精料喂量 0.5～1.0kg，每日需要采食青草料 2～3kg，优质青干草 1～2kg，每天投料 2 次。日喂量的分配与调整以饲槽内基本不剩料为标准。

4.4.2 采用"放牧＋补饲"育肥

每天每只精料喂量 0.25～0.50kg，优质青干草 1～2kg，每天回牧混合投料 1 次，日喂量的分配与调整以饲槽内基本不剩料为标准，并将料槽里的剩草料打扫干净。

4.4.3 育肥羊选择及出栏要求

选择体重 15～20kg 的去势羔羊开始育肥。舍饲育肥羊的体重达 30～35kg 即可出栏；放牧育肥羊的体重达到 30kg 时可出栏。

4.4.4 投入品要求

在育肥羊出栏前 1 个月内，禁止使用任何药物、饲料添加剂等投入品。

5 山羊管理技术

5.1 种羊管理技术

5.1.1 种公羊管理

（1）俗话说，"公羊好，好一坡，母羊好，好一窝"。对种公羊必须精心管理，要求常年保持中上等膘情，健壮的体质，充沛的精力，优良的精液品质，可保证和提高种羊的利用率。

（2）配好的精料要均匀地撒在食槽内，要经常观察种公羊食欲好坏，以便及时调整饲料，判别种公羊的健康状况。

（3）种公羊要尽量远离母羊，否则母羊叫声会导致公羊东张西望而影响采食。

（4）种公羊最好单圈饲养。避免打斗。每只公羊需面积6～10m²。

（5）夏季高温、潮湿，对公羊的精液品质会产生不良影响，应在凉爽的高地放牧，在通风良好的阴凉处歇宿。

（6）要提供优质的禾本科和豆科混合干草，作为种公羊的主要饲料。

（7）种公羊配种。种公羊在6～8月龄体成熟后可参与配种，但要适度。在配种前1个月开始采精，以检查其精液品质。开始采精时，1周采精1次，继后1周2次，以后2d 1次。到正式配种时，每天配种1～2次为宜，旺季可日配3～4次；多次采精者，两次采精时间间隔为2h，但要注意连配2d后休息1次；采精次数多的，期间要保证公羊的休息时间。

（8）配种期间注意事项。在配种期间，每天给公羊加喂1～2个鸡蛋，在高峰期可每月给公羊喂服1～2剂温中补肾的中药汤剂；合理保持公羊运动量，每天放牧时间5～6h。若以舍饲为主，则每周应强制运动2～3次，每次不少于1.5h；合理控制配种强度，对刚投产的2.5岁以下青年公羊要降低采精频率。做好采精记录，注意采精量及精液品质变化情况。每次配种前后半小时不宜吃得过饱。与母羊分开饲养，如需同群放牧，最好用试情布将公羊阴茎加以隔挡，防止乱配偷配。每天用铁梳刷拭羊体1～2次，每次15～20min，同时用手有节奏地按摩公羊睾丸5min以上。还要做好预防接种、消毒、环境卫生及对公羊的修蹄等工作。

5.1.2 种母羊管理

（1）空怀期。在配种前1.0～1.5个月要给予优质青草或到茂盛牧草的草坡放牧，据羊群及个体的营养情况，给以适量补饲，保持羊群有较高的营养水平。

（2）妊娠期

①妊娠前期（约3个月）：在管理上，要避免妊娠母羊吃霜草和霉变饲料，出入圈时严防拥挤，草架、料槽及水槽要有足够的数量，不饮污水，不使羊群受惊猛跑，不走窄道险途，不能紧追急赶，不让公羊追逐爬跨，以防止早期隐性流产。保持羊体干净，做好羊舍及周围环境卫生。

②妊娠后期（约2个月）：妊娠后期母羊管理的重点应放在保胎上，喂给怀孕母羊的必须是优质草料，发霉、腐败、变质、冰冻的饲料都不能饲喂，供给温水，不喂霉烂饲料，不饮冰水、脏水；放牧不要过远过劳，每日放牧6h，距离不少于8km；临产前7～8d不要到远处放牧；控制羊群行进速度，入舍时不要聚集拥挤，不可快跑和跨越沟坎，应防挤、防跌、防打架，防止机械性流产；产前生病不用禁忌药品；产前3周单圈关养，产前1周多喂多汁饲料，减少精料喂量。加强看护，做好接羔准备工作。

（3）哺乳期

①哺乳前期（2个月）：羔羊主要营养依靠母乳，尤其在出生后20日内母乳是唯一的营养物质。此阶段必须加强哺乳前期母羊的饲养管理，促进其多泌乳。羔羊出生后第一周，母羊要以

补充水分和易消化的饲料为主，产后要立即饮喂温红糖麸皮水，并给予多汁易消化的饲料，喂量由少到多，防止便秘和消化不良；铺垫温软羊床，预防感冒；做好羊体及舍内外清洁卫生。通过 10d 左右过渡到哺乳前期的饲养日程上。

②哺乳后期（2 个月）：此阶段是羔羊营养需要不断增加和母乳分泌逐渐下降的时候，除加强羔羊补饲外，还要让羔羊适时断奶。此时，羔羊对母乳的依赖程度已不如从前。对哺乳后期的母羊，应以放牧为主，补饲为辅，逐渐减少精料用量，直至完全停喂精饲料。只有当放牧地牧草生长较慢和母羊体况较差时，酌情补喂少许青干草或麸、渣类。在管理上，合群放牧，多运动，早断奶，以利其早发情。

5.2 羔羊管理技术

5.2.1 吃初乳管理

羔羊出生后 30min 内要吃上初乳。首次喂奶前，先用 0.05% 的高锰酸钾溶液或淡盐水将母羊乳头洗干净，挤出少许乳汁弃掉，然后由人工辅助羔羊吃奶，也可任其自由吸吮。每天 4～6 次。

5.2.2 补料管理

羔羊 10～15 日龄时要进行诱食。以优质的青饲料和营养全面、口感好的代乳料，可用大豆、蚕豆、豌豆等蛋白质饲料炒熟粉碎后撒于食槽内羔羊进行诱食。15～30 日龄诱食补草，草料以新鲜优质的嫩草、胡萝卜为主。同时注意羔羊的运动，以增强体质；好天气时赶出舍外，到附近牧地尝试放牧，多晒太阳，以增加维生素 D 和胆固醇的合成。

5.2.3 保育管理

冬季和早春要做好初生羔羊保暖工作。羊舍内宜配置羔羊保温房（室）、保温箱，地面宜铺垫柔软干草、麦（稻）秆或棉絮等，羊舍温度宜保持在 10℃ 以上；加强羔羊断奶前后的饲养管理和保温措施。

5.2.4　断奶管理

正常发育的羔羊到 3~4 月龄就应该断奶。在国外的产业化生产中，通常采用 1.5 月龄左右断奶技术。

断奶方式通常采取一次断奶或逐步断奶法：一次性断奶法，是把母羊赶开，羔羊留在原舍内；逐步断奶法，首先使羔羊在入夜前脱离母羊，然后在白天隔离半天，最后全天母子分开。在放牧时，对断奶羔羊要多关照，将优良的牧地分给断奶羔羊牧食。断奶后的羔羊除采用投喂人工草料外，同时要适当补充精料。一方面，由于母乳高峰期即将过去，另一方面，羔羊所需营养越来越多，应逐步由奶、草并重转向以草料为主、哺乳为辅。饲料要多样化，注意日粮的营养水平和全价性，将青干草、青贮料、多汁饲料等合理搭配使用。

5.2.5　环境卫生

羔羊出生后，要注意圈舍清洁卫生，冬季保暖，夏季通风，勤换垫草，勤打扫圈舍，保持干燥，喂给清洁的温水，同时做好预防注射，特别注意出生后 1 周内的羔羊易患痢疾。根据用途和饲养条件，及时去势、驱虫等。

5.2.6　去势

断奶后 3~4 个月是羊骨骼和器官充分发育、增重强度快的时期。因此，不用于种用的羔羊，要及时去势，去势时间在出生后 15~30d 为宜，可采用刀阉法和结扎法。

5.3　育肥羊管理技术

5.3.1　供应充足饲草料

为防止羊吃不饱，夜间可适量补喂营养丰富、适口性好的精料，如玉米等，以促进长膘。种公羊白天放牧时好动，好追逐母羊，因此，一般都吃不饱，特别是配种季节，往往吃不到半饱，应每晚喂给足量优质青料。喂给优质适口性好的青草料，其数量以当晚能吃完，第二天早晨不见剩草为宜。

5.3.2　保证矿物质供给

食盐是羊的必需营养物质，仅靠放牧无法满足羊的需要，给羊喂夜草时，可在草料上撒盐，也可把食盐撒在水槽中，育肥羊每晚每只 5～6g 为宜；或者在圈舍内设置舔砖，补充山羊的矿物质。

5.3.3　育肥期管理

（1）育肥初期。此阶段已经度过应激期，开始长骨骼，拉架子，需要驱虫、防疫；驱虫药用两次，一次皮下注射，一次拌料饲喂，其间相隔 1 周，注意驱虫后第二天健胃。注射小反刍兽兽疫、羊痘、口蹄疫、三联四防等疫苗，注意两种疫苗注射间隔至少为 7d。

（2）育肥末期。此阶段添加瘤胃酵源可根本解决瘤胃酸中毒，提高育肥羊的食欲、采食量，缩短育肥期。此时，精料量达到最高，粗饲料逐渐减少，基本上 9～10 月龄即可出栏；在出栏前 1 个月，应停止使用任何药物等投入品，保证出售商品羊的质量。

5.4　四季放牧技术

5.4.1　春季放牧

春季，羊群宜晚出牧早收牧，中午不休息，应避开毒草较多的低湿或阴湿地段。

5.4.2　夏季放牧

夏季，羊群宜晚出牧晚收牧，避免在露水草地放牧，最好有遮荫条件。中午大休息。此期注意供足盐，饮好水，防止蚊蝇骚扰、防中暑、防淋雨和防跌伤。

5.4.3　秋季放牧

秋季放牧应充分利用农田的茬子地，宜早出晚归，中午稍休息。避开有害草、高长草较多的地段。

5.4.4　冬季放牧

冬季放牧的羊群应晚出早归，中午不休息。

5.5 发酵池垫料维护与管理技术

5.5.1 垫料选择

用于发酵池的垫料既要保证透气性，又要保证吸水性，不易被分解，木质素为主，搭配比例：锯末与谷糠各50％，或者锯末70％、稻壳30％。

5.5.2 垫料含水量

垫料含水量最好在30％左右，20cm以下垫料可以较湿一些，含水量可达到50％；表面垫料一定不能太湿，表面的含水量在20％～30％即可，判断方法是，看起来是湿的，颜色比干的要深，手触碰有潮湿感，但仍然比较干爽，可抓一把床面垫料放在手心，于室内有太阳光线的地方，用嘴吹气，看空气中是否增加很多灰尘，如果增加了较多灰尘，就需要喷洒发酵池菌液和水的混合稀释液；如果吹气后空气中没有增加灰尘，手感相对干爽，即为最好的含水量。

5.5.3 菌种配比

可选择国产或国外生物菌种，比例按200m² 面积使用发酵池菌液10kg，加玉米面或者米粉50kg，均匀撒在垫料上面，用水喷湿即可。

5.5.4 垫料的厚度管理

初建垫料厚度不能太厚，因为初建垫料发热量很大，特别是即将进入夏季或正处于夏季时，发热量大，羊群不能够承受。进入初冬和冬季后，慢慢再添加垫料，最终使垫料厚度保持约40cm。

5.5.5 垫料翻挖管理

初建发酵池不需要天天翻挖全部垫料，每天只需要简单翻挖，即将部分过于集中的粪便分散或掩埋，对一些局部看起来有些板结的地方进行简单翻挖。发酵池第一次全部翻挖在3个月左右，翻挖深度约为20cm，每间隔1个月进行1次30cm的深层翻挖。垫料翻挖可以采用机械，可使用市场上的耕地农用机械。

5.5.6 垫料更换管理

在正常发酵池维护过程中，补充菌种后，若发酵池的氨味、臭味仍无法得到根除，补充新的垫料也保持不了多久，垫料的吸水性不好，即使是很少的水也很容易潮湿，且呈粉状化，表明垫料已经慢慢退化，已使用垫料 0.5～1.0 年，要考虑全部更换。

6 山羊疫病防控

6.1 引种过程防疫

6.1.1 引种计划

要根据当前家庭羊场的生产需求和生产目的，结合当地的自然气候条件，制定出切实可行的引种计划和方案，选择饲养适应本地自然、社会、经济条件且产肉性能好的优良品种。

6.1.2 引种检疫要求

在国内异地引进种羊时，严禁到疫区引种，要严格检疫，严格执行国家异地引种审批、检疫、消毒、隔离等制度，场地检疫证、运输检疫证和运载工具消毒证"三证"齐全；引种方应查看引种场种羊的强制预防接种及免疫是否有效等情况，跨省引种应自觉申报检疫，提交检疫申报单，同时提交输入地动物卫生监督机构批准的《跨省引进乳用种用动物检疫审批表》，同时须具备输出地畜牧兽医主管部门签发的检疫证明和非疫区证明；种羊场必须具有畜牧兽医主管部门核发的《种畜禽生产经营许可证》和《动物防疫合格证》，方可去引进。

6.1.3 群体隔离要求

购入的种羊要在隔离场（区）观察至少45d，经确定为健康合格后，方可转入生产群。

6.2 饲养过程防疫

山羊家庭农场应按照国家有关规定做好山羊强制性疫病的免疫，非强制性疫病可根据情况选择是否免疫，具体免疫程序可参考表2-6、表2-7。

表 2-6   国家强制免疫的疫苗

种类	用途	免疫时间	免疫方法
羊快疫、猝狙（羔羊痢疾）肠毒血症三联四防疫苗	预防梭菌性疫病	每年的春季（2—3月）和秋季（9—10月）各1次	成年羊和羔羊一律皮下或肌肉注射5.0mL
羊传染性胸膜肺炎灭活苗	预防传染性胸膜肺炎	根据各羊场免疫时间	皮下或肌肉注射，6月龄以下每只3.0mL，6月龄以上每只5.0mL
羊口蹄疫	预防口蹄疫	在春季（3月上旬，母羊产后1个月、羔羊生后1个月后）和秋季（8月，母羊配种前）各免疫1次	按说明或皮下注射1.0mL，15d后产生免疫力，免疫期为半年

表 2-7   根据疫情选择免疫的疫苗

种类	用途	免疫时间	免疫方法
羊炭疽芽孢苗	预防羊炭疽	春季（2—3月）	股内侧或尾部、腹下皮内注射，免疫期为1年
羊链球菌氢氧化铝菌苗	预防山羊链球菌病	每年3月和9月各1次	6月龄以下的羊接种量为每只3.0mL，6月龄以上的每只5.0mL
羔羊大肠杆菌灭活苗	预防羔羊大肠杆菌病	每年春秋（2—3月）和秋季（9—10月）各1次	3月龄以下的羔羊每只皮下注射1.0mL，3月龄以上的羊每只2.0mL
羊染性脓疱性皮炎弱毒细胞冻干苗	预防山羊口疮	每年3月和9月各1次	口腔黏膜内注射各0.2mL
羊痘弱毒冻干苗	预防羊痘	每年秋季免疫1次	均于腋下或尾内侧或腹下皮内注射0.5mL

（续）

种类	用途	免疫时间	免疫方法
羊伪狂犬灭活苗	预防伪狂犬病	每年春秋（2—3月）和秋季（9—10月）各1次	颈部皮下注射5.0mL

6.3　出售过程检测

出售或者运输的山羊应经所在地县级动物卫生监督机构的官方兽医检疫合格，并取得《动物检疫合格证明》后，方可离开产地。

6.4　病死羊无害化处理

羊场业主是病死羊无害化处理的第一责任人，按照《病死及病害动物无害化处理技术规范》等相关法律法规及技术规范，配置场内无害化处理设施设备，进行场内无害化处理；羊场业主有义务对病死羊及时进行无害化处理并向当地畜牧兽医部门报告羊死亡及处理情况。场内没有条件处理的，需由地方政府统一收集进行无害化处理。如无法做到当日处理，需低温暂存。

6.5　个人防护

接触或可能接触动物疫情疑似或确诊病例及其污染环境的所有人员均应做好个人防护。首先，所有人员日常工作中均应加强手卫生措施。其次，搬运患病动物和尸体、进行环境清洁消毒或废物处理时，加戴长袖橡胶手套。最后，要做好面部、皮肤、足部等部位的防护。对面部和呼吸道防护，要佩戴医用外科口罩和防护眼罩或防护面屏；对皮肤防护，需穿医用一次性防护服，在接触大量血液、体液、排泄物时，应加穿防水围裙；足部防护，穿覆盖足部的密闭式防穿刺鞋和一次性防水靴套，若环境中有大量血液、体液、排泄物时应穿长筒胶靴。

6.6 重大疫病防控

山羊家庭养殖场要严格执行重大动物疫情报告制度，若场内发生疑似重大动物疫情，应立即向当地畜牧兽医主管部门报告，严守保密纪律，严格疫情管理，杜绝泄密事件的发生。

7 山羊废弃物处理与利用

7.1 粪尿的处理与利用

山羊排出尿液较少，主要需对其粪便进行处理。尿液及其他用水进入化粪池和沉淀池，用于还田灌溉；发酵池废弃物或干粪主要采用堆肥发酵，对有机物进行好氧降解，利用以羊粪便为原料的好氧性高温堆肥技术处理后，粪便可作优质的有机肥用于饲料和牧草等种植生产中。堆积方法：第一步，先将疏松的羊粪堆积一层，待温度达 60～70℃时，保持 3～5d；第二步，当堆温下降后将堆压实，然后再加一层羊粪；第三步，将羊粪层层堆积到1.5～2.0m 时，用塑料膜密封；第四步，当含水量超过 75％时，最好中途翻堆，低于 60％时往羊粪上泼水；第五步，羊粪密封2～3 个月后启用，发酵过程中可在肥料堆中插一些通气管。发酵后的羊粪不仅能提高土壤肥力水平，而且可使土壤保水、供水能力强，刺激作物根系发育生长，还有增强土壤抗旱能力，调节土壤温度的功能，可缓解土壤低温及高温的危害。并且通过吸附、螯合、络合氧化还原、离子交换作用，提高了土壤微生物及土壤酶活性，对防治土壤农药、重金属、有机污染物与减少水体富营养化污染有积极作用。

7.2 其他废弃物处理

山羊养殖过程中产生的其他废弃物包括过期的兽药疫苗，使用后的兽药瓶、疫苗瓶、饲料袋及生产过程中产生的其他废弃物。根据废弃物性质采取煮沸、焚烧及深埋等无害化处理措施，严禁随意丢弃。

附件 2 - 1　100 只山羊家庭农场投资分析

1. 100 只羊场投资预算分析

(1) 模式一：传统型高床羊舍投资预算分析

按照重庆市山羊养殖家庭农场以年出栏量 100 只以上为标准，山羊养殖家庭农场所需的基础设施和设备的预算，主要包括高床羊舍、引种、饲料加工及干草棚、青贮池、废弃物处理区等，所需资金约 39 万元。具体预算内容见附表 2 - 1 - 1。

附表 2 - 1 - 1　传统型高床羊舍投资成本预算分析

序号	项目名称	数量	规格	单价(元)	总价(万元)	备注
1	传统型高床羊舍	200	m²	500	10.00	
2	种羊				10.00	
2.1	种公羊	2	只	5 000	1.00	
2.2	种母羊	60	只	1 500	9.00	
3	附属设施				4.50	
3.1	饲料加工棚	30	m²	500	1.50	
3.2	青贮池	20	m³	500	1.00	按冬季 2 个月计算，1m³ 约贮存 750kg，饲喂量 1.5kg/ (d·只)
3.3	蓄水池	10	m³	1 000	1.00	
3.4	药浴池	10	m³	1 000	1.00	
4	废弃物处理区				10.00	
4.1	干粪堆放区	20	m²	1 000	2.00	
4.2	化粪池	20	m³	1 000	2.00	
4.3	沉淀池	20	m³	1 000	2.00	

（续）

序号	项目名称	数量	规格	单价 （元）	总价 （万元）	备注
4.4	还田管网	1 000	m	20	2.00	
4.5	消纳土地费用	20	亩	1 000	2.00	
5	饲草料费用				2.05	
5.1	青贮饲草	20	t	500	1.00	约2个月20t
5.2	精料	3	t	3 500	1.05	0.25kg/（d·只），约3t
6	机械设备购置	3	台		2.50	
6.1	饲料粉碎机	1	台	10 000	1.00	
6.2	多功能铡草粉碎机	1	台	10 000	1.00	
6.3	手扶旋耕机	1	台	5 000	0.50	
7	合计				39.05	

（2）模式二：发酵池高床羊舍投资预算分析

按照重庆市山羊养殖家庭农场以年出栏量100只以上为标准，山羊养殖家庭农场所需的基础设施和设备的预算，主要包括发酵池羊舍、引种、饲料加工及干草棚、青贮池等，所需资金约46万元。具体预算内容见附表2-1-2。

附表2-1-2　发酵池高床羊舍投资成本预算分析

序号	项目名称	数量	规格	单价 （元）	总价 （万元）	备注
1	发酵池高床羊舍	220	m^2	1 000	22.00	
2	垫料	80	m^3	500	4.00	
3	种羊				10.00	
3.1	种公羊	2	只	5 000	1.00	
3.2	种母羊	60	只	1 500	9.00	

（续）

序号	项目名称	数量	规格	单价（元）	总价（万元）	备注
4	附属设施				4.50	
4.1	饲料加工棚	30	m²	500	1.50	
4.2	青贮池	20	m³	500	1.00	按冬季2个月计算，1m³约贮存750kg，饲喂量1.5kg/（d·只）
4.3	蓄水池	10	m³	1 000	1.00	
4.4	药浴池	10	m³	1 000	1.00	
5	饲草料费用				2.05	
5.1	青贮饲草	20	t	500	1.00	约2个月20t
5.2	精料	4	t	3 500	1.05	0.25kg/（d·只），约3t
6	机械设备购置	5	台/套		3.50	
6.1	饲料粉碎机	1	台	10 000	1.00	
6.2	多功能铡草粉碎机	1	台	10 000	1.00	
6.3	手扶旋耕机	1	台	5 000	0.50	
6.4	湿帘风机系统	1	套	10 000	1.00	根据情况选择安装
7	合计				46.05	

（3）模式三：机械化清粪高床羊舍投资预算分析

按照重庆市山羊养殖家庭农场以年出栏量100只以上为标准，山羊养殖家庭农场所需的基础设施和设备的预算，主要包括高床羊舍、引种、饲料加工及干草棚、青贮池等，所需资金约57万元。具体预算内容见附表2-1-3。

附表2-1-3 机械化清粪高床羊舍投资成本预算分析

序号	项目名称	数量	规格	单价（元）	总价（万元）	备注
1	高床羊舍	300	m²	800	24.00	

(续)

序号	项目名称	数量	规格	单价（元）	总价（万元）	备注
2	种羊				10.00	
2.1	种公羊	2	只	5 000	1.00	
2.2	种母羊	60	只	1 500	9.00	
3	附属设施				4.50	
3.1	饲料加工棚	30	m²	500	1.50	
3.2	青贮池	20	m³	500	1.00	按冬季2个月计算，1m³约贮存750kg，饲喂量1.5kg/（d·只）
3.3	蓄水池	10	m³	1 000	1.00	
3.4	药浴池	10	m³	1 000	1.00	
4	废弃物处理区				10.00	
4.1	干粪堆放区	20	m²	1 000	2.00	
4.2	化粪池	20	m³	1 000	2.00	
4.3	沉淀池	20	m³	1 000	2.00	
4.4	还田管网	1 000	m	20	2.00	
4.5	消纳土地费用	20	亩	1 000	2.00	
5	饲草料费用				2.05	
5.1	青贮饲草	20	t	500	1.00	约2个月20t
5.2	精料	3	t	3 500	1.05	0.25kg/（d·只），约3t
6	机械设备购置	5	台/套		6.50	
6.1	饲料粉碎机	1	台	10 000	1.00	
6.2	多功能铡草粉碎机	1	台	10 000	1.00	
6.3	手扶旋耕机	1	台	5 000	0.50	
6.4	清粪机械要求	2	套	20 000	4.00	
7	合计				57.05	

2. 出栏 100 只山羊养殖效益分析

（1）**销售收入分析。**按照 2020 年年底实际情况估算，山羊出栏体重 35kg，单价以 44 元/kg 计算，出栏一只山羊 1 540 元，若年出栏山羊 100 只，实际收入 15.4 万元。

（2）**饲养成本分析。**以放牧＋补饲方式进行饲养育肥羊，每只羊饲养至体重 35kg，约需要饲料、水电及人工等成本约 14.0 元/kg，每只羊饲养成本为 490 元。

（3）**利润分析。**按照每只山羊销售收入－饲养成本＝利润，即，饲养 1 只山羊可获利近 1 050 元，年出栏 100 只山羊可获利约 10.5 万元。

附件 2-2　活羊营销方式推荐

1. 定点销售联系公司及电话

重庆市泰丰畜禽养殖有限公司，电话：15978999788。

2. 网上销售方法

（1）登录淘宝网（https：//s. taobao. com/），注册商用账户后发布相关的山羊出售信息。

（2）登录中国山羊交易网（http：//shanyang. 99114. com/），注册商用账户后发布相关的山羊出售信息。

（3）登录中国养羊网（http：//www. zgyangyang. com/），注册账户后发布相关的山羊出售信息。

（4）还可以采用微信群、行业网站、QQ 群、论坛发帖等方式发布山羊出售信息。

附件 2-3　发酵池高床羊舍建造示意图

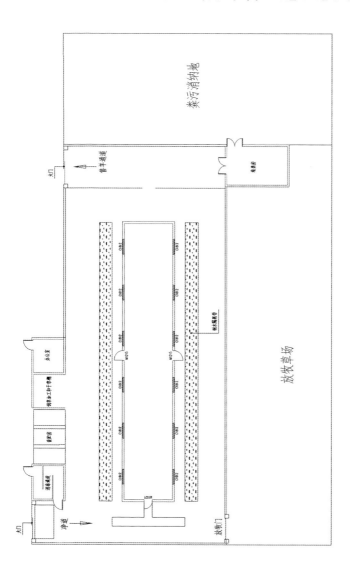

山羊家庭农场平面布局示意图

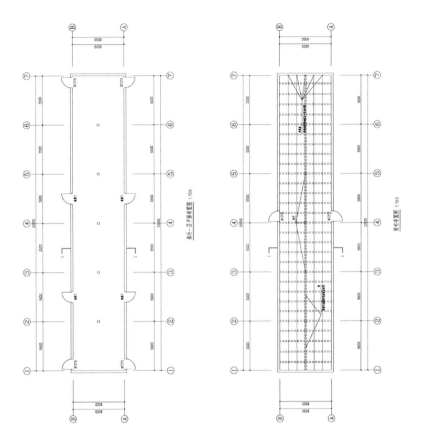

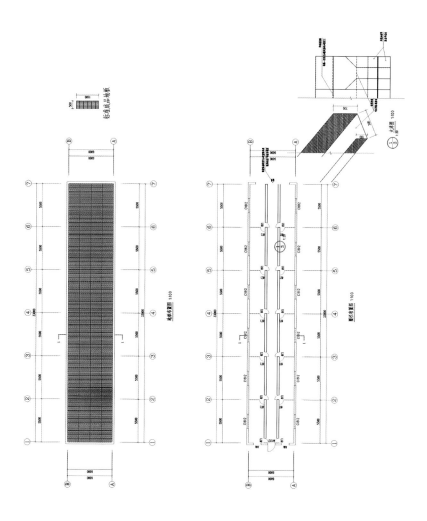

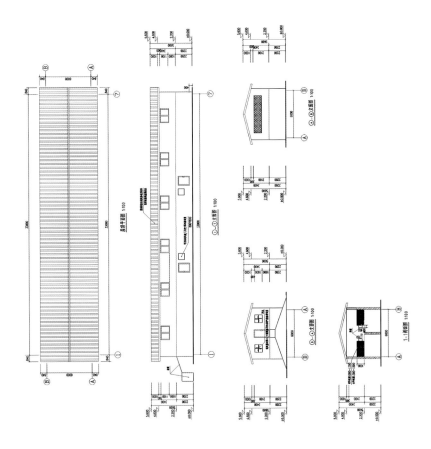

附件 2-4　机械化清粪高床羊舍示意图

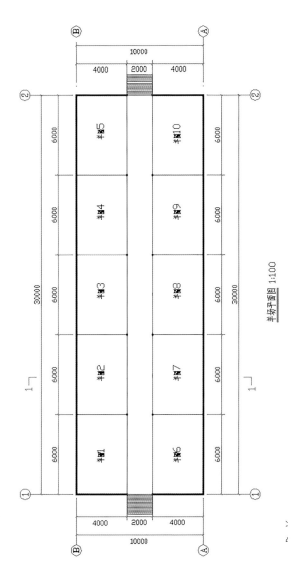

羊场平面图 1:100

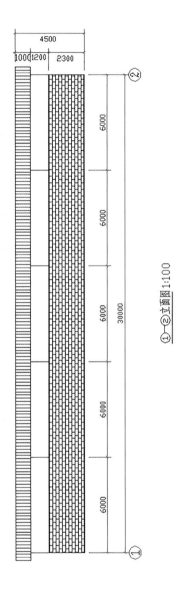

①—②立面图 1:100

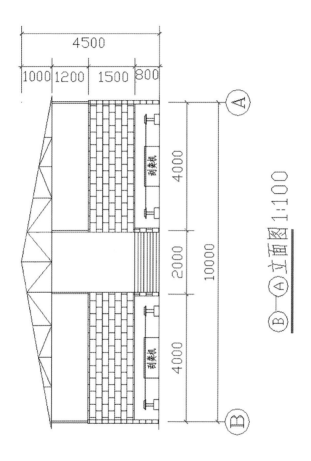

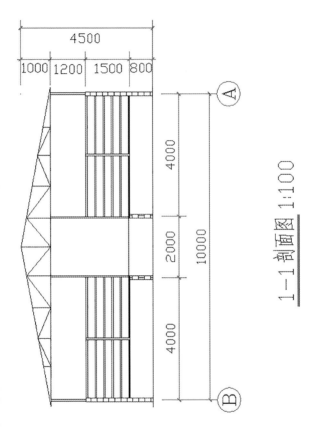

1—1 剖面图 1:100

彩图 1-1　西门塔尔牛

彩图 1-2　安格斯牛

彩图 1-3　巴山牛公牛（黑色）

彩图 1-4　巴山牛母牛（黑色）

彩图 1-5　巴山牛公牛（黄色）

彩图 1-6 巴山
牛母牛（黄色）

彩图 1-7 川南山地
牛公牛

彩图 1-8 川
南山地牛母牛

彩图 2-5　波尔山羊公羊（黑）

彩图 2-6　波尔山羊母羊（黑）

彩图 2-7　努比亚羊公羊

彩图 2-8　努比亚羊母羊

彩图 2-9　川中黑山羊公羊

彩图 2-10　川中黑山羊母羊

彩图 2-11　大足黑山羊公羊

彩图 2-12　大足黑山羊母羊

彩图 2-13　渝东黑山羊公羊

彩图 2-14　渝东黑山羊母羊